> WERTSCHÖPFUNG UND BESCHÄFTIGUNG IN DEUTSCHLAND

JÜRGEN GAUSEMEIER/HANS-PETER WIENDAHL (Hrsg.)

acatech WORKSHOP
HANNOVER I 14. SEPTEMBER 2010

Prof. Dr.-Ing. Jürgen Gausemeier
Universität Paderborn
Heinz Nixdorf Institut
Fürstenallee 11
33102 Paderborn

Prof. Dr.-Ing. Hans-Peter Wiendahl
Universität Hannover
Institut für Fabrikanlagen und Logistik
An der Universität 2
30823 Garbsen

acatech – Deutsche Akademie der Technikwissenschaften, 2011

Geschäftsstelle
Residenz München
Hofgartenstraße 2
80539 München

Hauptstadtbüro
Unter den Linden 14
10117 Berlin

T +49(0)89/5203090
F+4 9(0)89/5203099

T +49(0)30/206309610
F+4 9(0)30/206309611

E-Mail: info@acatech.de
Internet: www.acatech.de

ISSN 1861-9924/ISBN 978-3-642-20203-2/ISBN 978-3-642-20204-9 (eBook)

DOI 10.1007/978-3-642-20204-9

Bibliografische Information der Deutschen Nationalbibliothek
Die Deutsche Nationalbibliothek verzeichnet diese Publikation in der Deutschen Nationalbibliografie;
detaillierte bibliografische Daten sind im Internet über http://dnb.d-nb.de abrufbar.

Koordination: Dr. Johannes Winter
Redaktion: Martin Kokoschka, Dr. Johannes Winter, Steven Wakat
Layout-Konzeption: acatech
Konvertierung und Satz: Fraunhofer-Institut für Intelligente Analyse- und Informationssysteme IAIS,
Sankt Augustin

Gedruckt auf säurefreiem Papier

springer.com

acatech DISKUTIERT

> WERTSCHÖPFUNG UND BESCHÄFTIGUNG IN DEUTSCHLAND

JÜRGEN GAUSEMEIER/HANS-PETER WIENDAHL (Hrsg.)

acatech WORKSHOP
HANNOVER I 14. SEPTEMBER 2010

> INHALT

> DEUTSCHLAND BRAUCHT WERTSCHÖPFUNGS-WACHSTUM – EINFÜHRUNG

JÜRGEN GAUSEMEIER/HANS-PETER WIENDAHL

Spätestens mit Beginn der Finanzkrise ist das Thema Wirtschaftswachstum und damit Wertschöpfung in den Vordergrund des öffentlichen Interesses gerückt. Die anhaltende Diskussion um begrenzte Ressourcen und den demografischen Wandel verstärkt in Teilen der Gesellschaft das entstandene Misstrauen gegenüber dem sogenannten „Wirtschaftswachstum". acatech hat dabei auch aktuelle Diskussionsansätze im Blick, wie sie zum Beispiel von Meinhard Miegel in seinem Buch „Exit. Wohlstand ohne Wachstum" skizziert werden. Miegel stellt den Anspruch der modernen Gesellschaft, fortwährend wachsen zu wollen, auf den Prüfstand[1]. Dennoch hält die Politik trotz steigender Skepsis am Wachstumsziel fest und erklärt, dass nur ein Wirtschaftswachstum Deutschland aus der Krise herausführen, langfristig die drückende Last der Staatsverschuldung vermindern und Beschäftigung in Deutschland sichern kann.

acatech stellt angesichts dieser Ausgangslage die Frage, wie wohlstandsmehrendes Wachstum bei begrenzten Ressourcen und den anstehenden demografischen Veränderungen möglich ist. Es muss auch aufgezeigt werden, ob und wie Wachstum den Menschen in unserer Gesellschaft positive Perspektiven eröffnet und ihnen Beschäftigung gibt. Erst dadurch erhält das Ziel „Wachstum" eine gesamtgesellschaftliche Bedeutung. Es geht also um eine neue Art von Wachstum, das einerseits den Wohlstand und das Beschäftigungsniveau in Deutschland sichert, andererseits nicht ausschließlich auf endliche Ressourcen angewiesen ist.

Für dieses „neue" Wachstum, das nicht nur auf „mehr vom Selben" basiert, spielt die Innovationsfähigkeit Deutschlands eine große Rolle. Wachstum in diesem Sinne bedeutet offensichtlich Wertschöpfungswachstum: Das, was neu hinzukommen soll, muss mehr wert sein, als das, was wegfallen wird.

Vor diesem Hintergrund stellt sich die Frage, welches die Triebkräfte für Innovation, Wachstum, Wertschöpfung und Beschäftigung sind.

1 TRIEBKRÄFTE FÜR INNOVATION, WACHSTUM UND BESCHÄFTIGUNG

Der Weg zu Wachstum, Wertschöpfung und Beschäftigung führt über Produkt-, Dienstleistungs- und Geschäftsmodellinnovationen. Die Debatte über Innovationen und In-

---

[1] „Die prinzipielle Uneinlösbarkeit des Glücks- und Heilsversprechens immerwährender materieller Wohlstandsmehrung und der damit einhergehende Kollaps wachstumsorientierter Kulturen ist keineswegs bloß ein hypothetischer Gedanke, sondern höhst real." [Mie10].

novationsfähigkeit scheint in Deutschland wesentlich wichtiger zu sein als die gezielte Förderung von Innovationen. Jedoch mangelt es in unserem Land nicht an Ideen; auch ist die Innovationskraft an den Hochschulen und in der Wirtschaft hoch. Offensichtlich fehlt es an der Umsetzung zukunftsträchtiger Ideen und deren erfolgreicher Einführung am Markt. Tatsache ist aber, dass sich nur aus der marktfähigen Umsetzung von Ideen Chancen ergeben.

Und hier können wir mehr erreichen. Die Kraft dazu hat unser Land; bildlich gesprochen, müssen wir nur die Bremsen lösen und vorhandene Triebkräfte freisetzen. Vorderhand sind dies Unternehmertum, technikwissenschaftlicher Nachwuchs und hochqualifizierte Fachkräfte, visionäre Kraft, eine innovationsfördernde Kultur der Zusammenarbeit von Wirtschaft und Wissenschaft sowie das Innovationsklima.

Unternehmertum

Die Botschaft ist einfach: Wir benötigen Unternehmerpersönlichkeiten. Hier gibt es offenbar ein Schlüsselproblem, das Lothar Späth und Herbert Henzler folgendermaßen formulieren: „Nicht die Mentalität des Unternehmers ist sinnbildlich für die Gesellschaft, sondern die des Beamten oder des Angestellten. Dieser lässt andere unternehmen und beschränkt sich darauf zu definieren, wie das für ihn human eingerichtet sein muss, um erträglich zu sein" [HS95]. So unterstreicht auch die kürzlich durchgeführte acatech Studie „Wirtschaftliche Entwicklung von Ausgründungen aus außeruniversitären Forschungseinrichtungen" [aca10], dass es erheblichen Handlungsbedarf gibt, den Forschungsergebnissen der akademischen Welt den Weg in die professionelle Kommerzialisierung zu ebnen.

Technikwissenschaftlicher Nachwuchs und hochqualifizierte Fachkräfte

Die Förderung sowie die Ausbildung des technikwissenschaftlichen Nachwuchses und die berufsbegleitende Qualifizierung von Fachkräften sind die Basis für das zukünftige Wachstum in Deutschland. Der Fachkräftebedarf wird angesichts sinkender Zahlen von Absolventinnen und Absolventen technisch-naturwissenschaftlicher Fächer mittel- und langfristig nicht gedeckt werden können[2]. Diese Entwicklung verschärft sich angesichts des demographischen Wandels, der zu einer rückläufigen Zahl von Studienanfängerinnen und -anfängern führen wird. Darüber hinaus ist festzustellen, dass eine Verkürzung der Innovationszyklen der Erzeugnisse in Zukunft noch zu einem zusätzlichen Bedarf an Fachkräften führen kann.

Auch die Abwanderung von Fachkräften ins Ausland ist ein gravierendes Problem. Der Migrationsbericht 2008 des Bundesamtes für Migration und Flüchtlinge stellt fest, dass sich der Wanderungsverlust in Deutschland insgesamt kontinuierlich seit 2001 vergrößert hat[3]. Aus der Zu- und Fortzugsstatistik lässt sich zwar nicht bestimmen, wie viele hochqualifizierte Fachleute das Bundesgebiet verlassen haben, einige Statistiken lassen jedoch den Schluss zu, dass die Mobilität von Fachkräften aus Wirtschaft und Wissenschaft überdurchschnittlich hoch ist[4]. Bessere Berufs- und Netto-Einkommensperspektiven und die oft höhere Lebensqualität im Zielland sind Motive für die Auswanderung in diesen Berufsgruppen[5]. Im Gegenzug ist aber in Teilbereichen auch der Trend zu einer verstärkten Zuwanderung von Fachkräften festzustellen [BMI10][6]. Dennoch besteht die Notwendigkeit, Engpässe bei Ingenieurberufen in besonders nachgefragten Fachrichtungen auszugleichen. Eine arbeitsmarktadäquate Steuerung bedarf vor allem eines strategischen Konzepts, das auch auf einer Vorausschau des künftigen Bedarfs beruht[7].

In Bezug auf die Ausbildung des technikwissenschaftlichen Nachwuchses in Deutschland lässt sich feststellen, dass das deutsche Studiensystem in den sogenannten

---

[2] Die Quote sank von 21% im Jahr 1997 auf 16% im Jahr 2008 in den Ingenieurwissenschaften [aca09].

[3] Dies liegt vor allem an der steigenden Zahl der Fortzüge von Deutschen bei einem relativ konstanten Niveau der rückkehrenden Deutschen. Hauptzielland deutscher Abwanderer ist seit 2004 die Schweiz [BMI10].

[4] Deutsche Wissenschaftler, die einen Forschungsaufenthalt im Ausland verbringen, sind zu etwa einem Drittel in einem mathematischen oder naturwissenschaftlichen Fach tätig. (Vgl. Deutscher Akademischer Austauschdienst (DAAD) (Hrsg.), 2009)

[5] Vgl. Studie im Auftrag des Bundesministeriums für Wirtschaft und Technologie (BMWi) vom Institut Prognos AG. Ziel der Studie war die Herausarbeitung der Motive für eine Auswanderung, die Untersuchung der beruflichen Situation und der Lebensbedingungen im Zielland sowie die Erörterung der Rückkehrbereitschaft unter den im Ausland lebenden deutschen Fachkräften. An der Befragung, durchgeführt im Jahr 2007, haben 1.410 Auswanderer teilgenommen. Dabei wurden Auswanderer als Personen im Alter von 20 bis 65 Jahre definiert, die seit mindestens zwei Jahren und für einen befristeten Zeitraum im Ausland leben.

[6] Hierzu hat das Zuwanderungsgesetz beigetragen, das am 1. Januar 2005 in Kraft getreten ist. Der Anwerbestopp, insbesondere für Nicht- und Geringqualifizierte, wurde dabei weitgehend beibehalten, während der Zugang zum deutschen Arbeitsmarkt für Hochqualifizierte erleichtert wurde.

[7] Das Aktionsprogramm der Bundesregierung zur Steuerung des Fachkräftebedarfs, das am 16. Juli 2008 vom Bundeskabinett verabschiedet wurde, stellt einen Beitrag zur Begegnung des Mangels an hochqualifizierten Fachkräften dar.

MINT-Fächern (Mathematik, Informatik, Naturwissenschaften und Technik) verbessert werden muss: Das gilt besonders für die Zahl der Studienanfänger und -anfängerinnen, die Abbrecherquote und die Förderung begabter Frauen. Eine weitere wichtige Erkenntnis ist, dass das allgemeine Verständnis und die Begeisterung für Technik in der Kindheit entwickelt werden. Dementsprechend sind bereits im Kindergarten und in der Grundschule entsprechende Maßnahmen zu ergreifen.

Visionäre Kraft

Auch auf diesem Gebiet gibt es Defizite. Vielleicht liegt es daran, dass der Begriff Vision bei uns in Deutschland eher negativ belegt ist, weil wir darunter ein Traumbild verstehen. Vision bedeutet laut Duden aber auch Zukunftsentwurf. Wir vernachlässigen das Entwerfen der Zukunft und das Gewinnen unserer Mitmenschen für Zukunftsentwürfe. Zu häufig stehen das Managen des Mangels und das zähe Ringen um Besitzstände im Vordergrund. Viele Unternehmen betonen ausschließlich das Operative und steigern die Effizienz des etablierten Geschäfts. Das ist sicher wichtig, aber zu wenig, um die Zukunft des Unternehmens zu sichern. In einer Zeit voller großer Chancen benötigen wir Vorwärtsstrategien – also Strategien, die die Produkte für die Märkte von morgen hervorbringen. Die Beschränkung auf Effizienzerhöhung führt nach Hamel/Prahalad zu folgender Stimmung im Unternehmen: „Was die Mitarbeiter täglich zu hören bekommen, ist, dass sie das wertvollste Vermögen der Firma sind, was sie hingegen wissen, ist, dass sie jenes Vermögen sind, auf das die Firma am ehesten verzichten kann" [HP95]. Es ist leicht nachvollziehbar, dass in einem derartigen Klima keine Spitzenleistungen gedeihen können, die wir benötigen, um die offensichtlichen Herausforderungen von morgen zu bewältigen.

Innovationsfördernde Kultur der Zusammenarbeit von Wirtschaft und Wissenschaft

Es gibt in der Welt eine Reihe von Regionen mit einer teils legendären Innovationsdynamik, die offensichtlich auf dem fruchtbaren Zusammenwirken von Wirtschaft und Wissenschaft beruht. Dazu zählen die Route 128 in Massachusetts, der Hsinahn Science Park in Taiwan, der Zhongguancun Science Park in Beijing, Silicon Fen im Umfeld der Cambridge University in England, Sophia-Antipolis in Südfrankreich und selbstredend Silicon Valley. In Deutschland zeigt vor allem die Region Stuttgart eine beachtenswerte Dynamik. Was zeichnet diese innovationsstarken Regionen aus? Was sind die Erfolgsfaktoren? Hans N. Weiler, Professor an der Stanford University hat diese Regionen analysiert [Wei03] und bringt auf den Punkt, worauf es ankommt und an welchen Stellen bei uns der Hebel anzusetzen wäre. Er nennt die drei Erfolgsfaktoren Ressourcen, Proximität und „kulturelle Affinität".

- **Ressourcen** sind das Kapital, das in Forschungsprojekte investiert wird, aber auch die beeindruckende Anzahl von Spitzenkräften. Beides bedingt sich. Wir werden nicht umhin kommen, unsere Universitäten besser auszustatten, um den Anschluss nicht völlig zu verlieren. Für diejenigen, die mit den Fakten nicht so vertraut sind: Deutschland belegt in der Hochschulfinanzierung den fünftletzten Platz von 27 untersuchten OECD-Ländern[8]. Während hierzulande gerade einmal 1,1 Prozent des Bruttoinlandproduktes für die Hochschulen ausgegeben wird, sind es in USA über drei Prozent [OEC10].
- **Proximität** bedeutet räumliche Nähe und physische Nachbarschaft von erstklassigen technologischen Forschungseinrichtungen und innovativen Firmen. Dies birgt gute Bedingungen, um eine vertrauensvolle Zusammenarbeit als Voraussetzung für gemeinsame Innovationserfolge aufzubauen. In dieser Hinsicht haben wir in Deutschland viele Regionen, in denen dieser Erfolgsfaktor erfüllt wird.
- **„Kulturelle Affinität"** ist der Gemeinschaftsgeist von Unternehmen und Wissenschaftslandschaft einer Region, der einen gewissen „Fighting Spirit" auf dem Weg zur Eroberung der Märkte von morgen hervorbringt. Auch hier gibt es noch viel Raum für Verbesserungen. Die vielerorts anzutreffenden Technologieparks und Technologietransferaktivitäten sind gut gemeint und zeigen auch Wirkung, greifen aber nicht weit genug, weil darunter häufig eine Einbahnstraße von den Hochschulen zur Kommerzialisierung gemeint ist. Was wir brauchen, ist eine intensivere Interaktion von Wirtschaft und Wissenschaft.

Innovationsklima

Für das Innovationsklima einer Gesellschaft spielt die gesellschaftliche Akzeptanz von Technologien und Innovationen eine wichtige Rolle. Eine Studie des Medienforschungsinstituts Mediatenor verdeutlicht, wie die Medien das Zusammenspiel von Wachstum, Wertschöpfung, Beschäftigung und Innovation der Öffentlichkeit vermitteln. Einerseits berichten deutsche Medien meist positiv über Forschung und Entwicklung (FuE), jedoch lag der Anteil der Berichterstattungen zu diesem Thema nur bei 0,5% aller Themen. Dies reflektiert nicht den Stellenwert, den FuE tatsächlich für Unternehmen einnehmen. Damit wird der Öffentlichkeit der Zusammenhang zwischen FuE einerseits und Wachstum und Beschäftigung andererseits nur unzureichend vermittelt. Der Stellenwert von FuE für Branchen wie beispielsweise den Maschinenbau oder den Anlagenbau wird in den Medien so gut wie nicht dargestellt. Insgesamt produzieren deutsche Medien vorwiegend negative Meldungen im Zusammenhang mit Unternehmen [Sch10]. Dies gefährdet das Vertrauen in die soziale Marktwirtschaft. Die Folge ist eine geringere Risikobereitschaft, die sich auf die Finanzierungs- und Ausgründungsbereitschaft niederschlägt. Eine zunehmend risikoaverse Gesellschaft hemmt die Innovationsfähigkeit

---

[8] Der Indikator schließt Ausgaben für universitäre Forschung, Lehrpersonal und ergänzende Dienstleistungen wie z. B. Unterkünfte für Studenten und Lehrpersonal ein.

Deutschlands. Dieser Entwicklung gilt es entgegenzuwirken: „Ohne Vertrauen in das eigene Wirtschaftssystem fehlt die Basis für nachhaltiges Wachstum [Sch10]."

Die Situation ist aber besser als vielfach angenommen: Das Institut für Demoskopie Allensbach hat in Umfragen versucht, die Innovationsfreude unter Deutschen zu erfassen: 49% der Deutschen finden es spannend, wie sich technische Möglichkeiten entwickeln [IDA08a]. Die Innovationsoffenheit ist in allen Altersgruppen gestiegen [IDA08b] und die deutsche Gesellschaft sieht sich selbst nicht als technikfeindlich an. Aber es ist auch festzustellen, dass die Frage, wie Innovationen zu Produkten werden und vor allem wie sie hergestellt werden, kaum interessiert.

2 GESTALTUNGSFELD PRODUKTION UND PRODUKTENTSTEHUNG

Produktion ist nach Günter Spur ein von Menschen organisierter Prozess der Wertschöpfung mit dem Ziel, Produkte in der benötigten Qualität, in möglichst kurzer Zeit, zu möglichst geringen Kosten und in ausreichender Menge zu fertigen und zu liefern [Spu79]. Die Produktion umfasst im Wesentlichen die Funktionen Produktplanung, Entwicklung/ Konstruktion, Fertigungsplanung, Fertigung/Montage und Logistik. Die Produktionstechnik gliedert sich in die drei Bereiche Energietechnik, Verfahrenstechnik (kontinuierliche Prozesse) und Fertigungstechnik (diskrete Prozesse). Hier geht es in erster Linie um die Fertigungstechnik. Der Begriff Produkt schließt neben Sachleistungen auch Dienstleistungen im Sinne von hybriden Leistungsbündeln ein.

Ausgangspunkt für die Produktion ist die Produktentstehung, die sich über die drei Aufgabenbereiche Strategische Produkt- und Technologieplanung, Produktentwicklung und Produktionssystementwicklung (Fertigungsplanung und Planung der Produktionslogistik) erstreckt. Die Einordnung der Produktentstehung in den Produktlebenszyklus ist in Bild 1 dargestellt.

Bild 1: Produktentstehung im Produktlebenszyklus als integrierter Prozess von der Geschäftsidee bis zum erfolgreichen Markteintritt [nach GLR00]

3 ZIELSETZUNG DES acatech PROJEKTES „WERTSCHÖPFUNG UND BESCHÄFTIGUNG IN DEUTSCHLAND"

Im Rahmen des acatech Themennetzwerks Produktentstehung hat sich eine Arbeitsgruppe gebildet, deren Ziel es ist, Perspektiven zur Gestaltung von Wertschöpfung und Beschäftigung in Deutschland zu erarbeiten und Wege aufzuzeigen, Chancen von morgen zu nutzen und den sich abzeichnenden Bedrohungen zu begegnen. In diesem Sinne wären Fragen der folgenden Art fundiert zu beantworten:

- Welche Zukunft hat die produzierende Industrie heutigen Zuschnitts in Deutschland?
- Welche Perspektiven ergeben sich mittelfristig auf der Grundlage von denkbaren Entwicklungen wesentlicher Einflussfaktoren?
- Gibt es Möglichkeiten, einen Interessensausgleich zwischen gewünschter hoher Wertschöpfung in Deutschland und notwendiger Wertschöpfung in den Zielmärkten zu erreichen?
- Welche Ziele könnten die Stakeholder verfolgen und welche Macht hätten diese, ihre Ziele durchzusetzen?
- Wie könnten ein Zukunftsentwurf, eine Vision und ein Leitbild der industriellen Produktion in Deutschland für die nächsten 20 Jahre aussehen?
- Was ist in den Handlungsbereichen Politik, Wirtschaft und Wissenschaft zu tun, um diesen Zukunftsentwurf umzusetzen?

Der Arbeitsgruppe gehören folgende Personen an:

- Prof. Dr.-Ing. Eberhard Abele, Technische Universität Darmstadt
- Dr.-Ing. Thomas Bauernhansl, Freudenberg DS GmbH & Co. KG, Weinheim
- Prof. Dr.-Ing. Christian Brecher, RWTH Aachen
- Prof. Dr.-Ing. Berend Denkena, Universität Hannover
- Prof. Dr.-Ing. Walter Döpper, Ingenieur- und Technologie-Beratung, Schweinfurt
- Prof. Dr.-Ing. Jürgen Gausemeier, Universität Paderborn
- Prof. Dr.-Ing. Peter Groche, Technische Universität Darmstadt
- Prof. Dr. Klaus Möller, Universität St. Gallen
- Prof. Dr.-Ing. Günther Seliger, Technische Universität Berlin
- Dr.-Ing. Bernd Schmidt, A.T. Kearney, Düsseldorf
- Prof. Dr.-Ing. Hans Kurt Tönshoff, Universität Hannover
- Prof. Dr.-Ing. Klaus Weinert, Technische Universität Dortmund
- Prof. Dr.-Ing. Hans-Peter Wiendahl, Universität Hannover
- Dr. rer. pol. Johannes Winter, acatech, Geschäftsstelle München

Als ein erster Schritt zur Erarbeitung der angestrebten Konzeption wurde am 14. September 2010 der Workshop „Wertschöpfung und Beschäftigung in Deutschland" im Produktionstechnischen Zentrum Hannover (PZH) der Leibniz Universität Hannover durchgeführt. Die vorliegende Dokumentation enthält Impulsvorträge aus Wissenschaft und Wirtschaft, die Grundlage einer ausführlichen Diskussion waren. Auf dieser Basis, aber auch auf Vorarbeiten der Arbeitsgruppe sind die im letzten Kapitel zusammengefassten Ansatzpunkte für eine nachhaltig erfolgreiche Gestaltung des Produktionsstandortes Deutschland entstanden.

LITERATUR

[aca09] acatech (Hrsg.): Strategie zur Förderung des Nachwuchses in Technik und Wissenschaft – Handlungsempfehlungen für die Gegenwart, Forschungsbedarf für die Zukunft. acatech bezieht Position Nr. 4, Springer-Verlag, Berlin, Heidelberg, 2009

[aca10] acatech (Hrsg.): Wirtschaftliche Entwicklung von Ausgründungen aus außeruniversitären Forschungseinrichtungen. acatech berichtet und empfiehlt Nr. 4, Springer-Verlag, Berlin, Heidelberg, 2010

[IDA08a] Institut für Demoskopie Allensbach (Hrsg.): Allensbacher Computer- und Telekommunikationsanalyse (ACTA), 2008

[IDA08b] Institut für Demoskopie Allensbach (Hrsg.): Allensbacher Markt- und Werbeträgeranalysen (AWA) 1980, 2008

[AV09] acatech – Deutsche Akademie der Technikwissenschaften, VDI – Verein Deutscher Ingenieure e.V. (Hrsg.): Nachwuchsbarometer Technikwissenschaften – Ergebnisbericht. acatech und VDI München/Düsseldorf, 2009

[BMI10] Bundesministerium des Innern, Bundesamt für Migration und Flüchtlinge (Hrsg.): Migrationsbericht des Bundesamtes für Migration und Flüchtlinge im Auftrag der Bundesregierung – Migrationsbericht 2008. Bonifatius GmbH, Druck – Buch – Verlag, 2010

[EFI10] Expertenkommission Forschung und Innovation (Hrsg.): Gutachten zu Forschung, Innovation und Technologischer Leistungsfähigkeit Deutschlands 2010, Technische Universität Berlin, Berlin, 2010

[GLR00] Gausemeier, J.; Lindemann, U.; Reinhart, G.; Wiendahl, H.-P.: Kooperatives Produktionsengineering – Ein neues Selbstverständnis des ingenieurmäßigen Wirkens. HNI-Verlagsschriftenreihe, Band 79, 2000

[HS95] Henzler, H.; Späth, L.: Countdown für Deutschland? Start in eine neue Zukunft. Siedler Verlag, Berlin 1995

[HP95] Hamel, G.; Prahalad, C. K.: Wettlauf um die Zukunft. Wirtschaftsverlag Ueberreuther, Wien, 1995

[Mie10] Miegel, M.: Exit. Wohlstand ohne Wachstum. Propyläen Verlag, Berlin, 2010

[OEC10] Organisation for Economic Co-operation and Development (OECD): Education at a Glance: OECD Indicators 2010, Chart B6.2. OECD Publications, Paris, 2010

[Sch10] Schatz, R. (Hrsg.): Wachstum D – Report 2010.

[Spu79] Spur, G.: Produktionstechnik im Wandel. Carl Hanser Verlag, München, Wien, 1979

[Wei03] Weiler, H. N.: Regional and Cultural Linkages between Higher Education and ICT in Silicon Valley and elsewhere. Marjik von der Wende & Maarten van de Ven (eds.), The Use of ICT in Higher Education: A Mirror of Europe. Utrecht: Lemma, 2003, p. 277 – 297

> HEUTIGE UND ZUKÜNFTIGE PARADIGMEN DES PRODUKTIONSSTANDORTS DEUTSCHLAND

KLAUS MÖLLER/TOBIAS KLATT/ALEXANDER DREES

MANAGEMENT SUMMARY

Der Beitrag leitet strategische Erfolgspositionen der Zukunft ab, die es zur Sicherung und zum Ausbau des Produktionsstandortes Deutschland zu erreichen gilt. Die Basis hierfür stellen identifizierte Gestaltungsdimensionen von Produktionsparadigmen und deren Veränderung im Zeitablauf dar. Aufgrund internationaler Trends wie Globalisierung und den damit einhergehenden Verschiebungen von Märkten und Wissen sowie zunehmender Komplexität und Dynamik, kann die Konzentration allein auf heutige Erfolgspositionen zu einer Erosion der Standortattraktivität führen. Um dem entgegen zu wirken, sind die folgenden zukünftigen strategischen Erfolgspositionen zu besetzen:

- Ein global effizienter Ressourceneinsatz wird wesentlich über den Erhalt und Ausbau internationaler Wettbewerbsvorteile entscheiden. Ein effizienter Umgang mit Ressourcen ist erforderlich, um sowohl zunehmenden regulatorischen Vorschriften als auch der steigenden Sensibilisierung des Endkunden für Nachhaltigkeitsaspekte der Produktion zu entsprechen.
- Wirtschaftlich turbulente Zeiten erfordern eine ganzheitliche Betrachtung und Planung von Supply Chain-Kosten und -Risiken. Dies umfasst eine aktive Gestaltung von Wertschöpfungsnetzwerken, was sowohl die interorganisationale Integration von IT-Systemen, die punktuelle Erhöhung von Wertschöpfungstiefen als auch eine Risikoverteilung zwischen Netzwerkpartnern mit einschließt.
- Kürzere Produktlebenszyklen stellen hohe Anforderungen an die Wandlungsfähigkeit des Produktionssystems. Die Herstellung eines höchstmöglichen Maßes an Supra- bzw. Auto-Adaptivität des Produktionssystems ist hierbei maßgeblich durch Anpassungen der Produktionssteuerung, der IT-Systeme sowie der Ablauf- und Aufbauorganisation zu unterstützen.
- Der Aufbau und Erhalt von Fertigkeitseliten ist durch entsprechende Ausbildungsprogramme zu fördern, um die Produktionsqualität und -effizienz langfristig zu sichern und auszubauen.
- Innovative Produkte aus verketteten Produktionsprozessen sind als zentraler Wettbewerbsfaktor gegenüber der Konkurrenz aus Niedriglohnländern weiter zu entwickeln. Antizipative, marktorientierte Produktionssysteme sollen hierbei die rasche Implementierung von Innovationen in den Produktionsablauf unterstützen.

Die Entwicklung der strategischen Erfolgspositionen in der Produktion wird auch zukünftig von den übergeordneten Themen Wandlungsfähigkeit, Echtzeit, Selbststeuerung und Nachhaltigkeit geprägt sein.

1 BEDEUTUNG DES PRODUKTIONSSEKTORS FÜR DEUTSCHLAND

Die Produktion hat einen bedeutenden Stellenwert für die deutsche Volkswirtschaft. Im zweiten Quartal 2010 waren rund 7,7 Mio. Erwerbstätige im verarbeitenden Gewerbe beschäftigt (Eurostat, 2010), was einem Anteil von 20,1% aller Erwerbstätigen entspricht. Eine strukturelle Besonderheit des Produktionssektors ist der von ihm ausgehende Multiplikatoreffekt: Veränderungen im Produktionssektor haben eine erhebliche Auswirkung auf andere Industrien, insbesondere auf deren Wertschöpfung und Beschäftigung. Demgegenüber weisen Dienstleistungen bei einer Stimulation der Nachfrage kaum Beschäftigungseffekte über die eigene Branche hinaus auf, da die Wertschöpfungskette dort nur wenige Stufen umfasst und im Vergleich zur Produktion wenige Vorprodukte benötigt werden. Darüber hinaus generieren Dienstleistungen im Gegensatz zum Produktionssektor kein eigenes After-Sales Geschäft, vielmehr stellen sie dieses teilweise selbst dar. Die industrielle Produktion kann daher als ein zentraler Treiber der Wertschöpfung und Beschäftigung in Deutschland angesehen werden.

Sämtliche Prognosen zur Beschäftigungsentwicklung in der Produktion in Deutschland zeigen einen mehr oder weniger stark ausgeprägten Abwärtstrend. Eine zentrale Ursache stellt die Verlagerung von Wertschöpfung ins Ausland dar, da die Produktions- und insbesondere Lohnkosten in vielen Fällen im Ausland niedriger sind. Dabei ist zu berücksichtigen, dass gleichzeitig die entsprechende Produktionstechnologie bzw. das Produktions-Know-how derzeit noch häufig in Deutschland verbleibt. Es ist aber kaum davon auszugehen, dass eine solche Aufteilung langfristig tragfähig sein wird. Vielmehr ist zu befürchten, dass die Produktionstechnologie der verlagerten Produktion folgt. Damit würde der Standort Deutschland auf Dauer eine wesentliche Stütze seiner internationalen Wettbewerbsfähigkeit verlieren. Um diesem Trend entgegen zu wirken und die Beschäftigung in Deutschland langfristig zu sichern, müssen Veränderungen im Produktionssektor rechtzeitig erkannt werden und entsprechende Anpassungen frühzeitig erfolgen.

Ziel dieses Beitrages ist es daher, die für die Erfolge der Vergangenheit ursächlichen Produktionsparadigmen zu identifizieren und deren aktuellen Stand zu ermitteln. Daraus sind zukünftige strategische Erfolgspositionen für eine Produktion am Standort Deutschland abzuleiten und der notwendige Handlungsbedarf aufzuzeigen.

Unter Produktionsparadigmen werden vorherrschende Denkmuster der industriellen Produktion zu einem bestimmten Zeitpunkt verstanden. Anhand solcher Paradigmen werden dann vergangene und aktuelle Phänomene und Entwicklungen analysiert, um zukünftige strategische Erfolgspositionen ableiten zu können. Für diesen Beitrag wurden auf Basis intensiver Literaturrecherchen und Expertenbefragungen relevante Paradigmen in der Produktion herausgearbeitet. Dabei wurden die **Ausrichtung des Produktionssystems** sowie das **Produktionsplanungsverständnis** als überqeordnete Determinanten zur Erreichung der zukünftigen strategischen Erfolgspositionen identifiziert. Diese Gestaltungsdimensionen bilden die Grundlage, die aufgrund der steigenden Vielfältigkeit der Marktnachfrage erhöhte **Komplexität und Variantenvielfalt** in der Produktion zu bewältigen. Die Fähigkeit, diese Wirkung von Seiten des Marktes angemessen zu berücksichtigen, hängt dabei auch entscheidend von der Ausrichtung und **Fokussierung von Wertschöpfungsnetzwerken** über den gesamten Produktentstehungsprozess sowie der Qualifikation und **Entwicklung des Humankapitals** und dessen Verfügbarkeit in eben diesen Netzwerken ab. Innerhalb der Produktentstehung sind weiterhin die **Entwicklung der Produktionskosten** sowie die **Ausgestaltung der Qualitätssicherung** maßgebliche Gestaltungsdimensionen, um die Wettbewerbsvorteile des Produktionsstandorts Deutschland zu erhalten. Eine ausführliche Beschreibung und Erläuterung der sieben Gestaltungsdimensionen der Produktionsparadigmen erfolgt in Kapitel zwei.

Im Zeitablauf entwickeln sich Produktionsparadigmen zu Hygienefaktoren, die sich als Standards einer funktionierenden Produktionsumgebung etablieren. Entsprechend der Diffusionstheorie findet ein allmählicher Übergang von innovativen Anwendern zu einer hohen Verbreitung im Betrachtungsfeld statt, indem die jeweiligen Paradigmen zum Standard werden [Rog03]. Der Begriff Hygienefaktoren entstammt der Zwei-Faktoren-Theorie von Herzberg, in der zwei Gruppen von Einflussfaktoren unterschieden werden: Motivatoren und Hygienefaktoren [Her59]. Hygienefaktoren allein wirken nicht motivationssteigernd, führen bei negativer Ausprägung aber zu Unzufriedenheit. Positive Ausprägungen der Hygienefaktoren sind also die notwendige Grundlage einer gut funktionierenden Arbeitsumgebung.

Übertragen auf Produktionsparadigmen stellen Hygienefaktoren Elemente der Produktionsumgebung dar, die für ein erfolgreiches Unternehmen notwendig sind. Aus der Antizipation zukünftiger Hygienefaktoren auf Basis der Entwicklung der Produktionsparadigmen können frühzeitig die strategischen Erfolgspositionen für den Produktionsstandort Deutschland und die einzelnen Unternehmen abgeleitet werden. Bild 1 illustriert dieses Entwicklungsschema.

Diesem Schema folgend analysiert Kapitel 2 zunächst die Veränderungen der Paradigmen in den verschiedenen Gestaltungsfeldern. Daraus leiten sich in Kapitel 3 die zukünftigen strategischen Erfolgspositionen unter dem Einfluss globaler Metatrends ab. Aus dieser Analyse wird schließlich in Kapitel 4 der Handlungsbedarf für den Produktionsstandort Deutschland entwickelt.

Bild 1: Ableitung strategischer Erfolgspositionen aus Produktionsparadigmen unter dem Einfluss von Metatrends

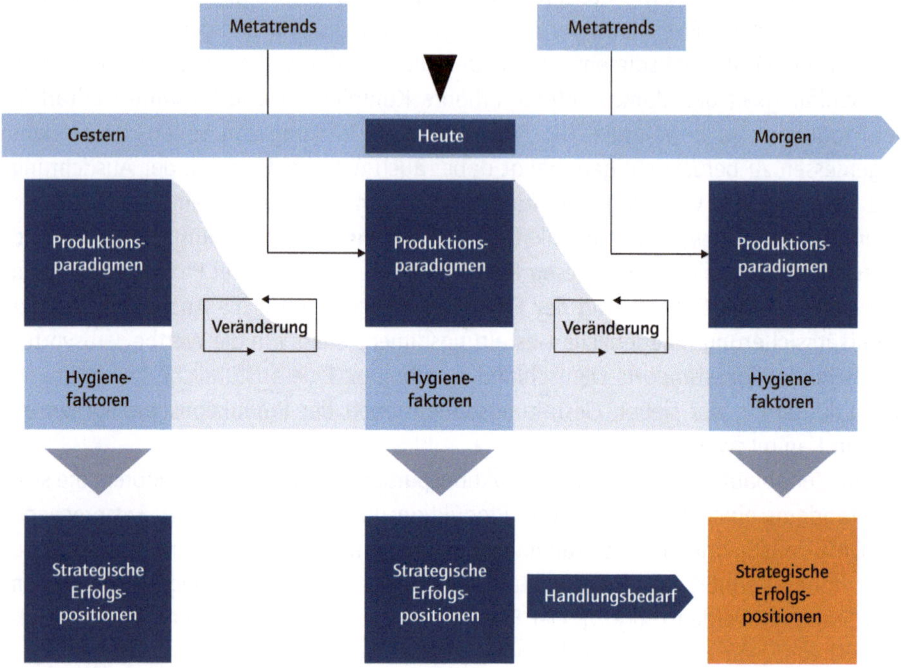

2 GESTALTUNGSDIMENSIONEN DER PRODUKTIONSPARADIGMEN

Im folgenden Abschnitt werden die identifizierten Gestaltungsdimensionen der Produktionsparadigmen näher beschrieben und hinsichtlich ihrer Entwicklung in der Vergangenheit sowie des Entwicklungspotentials in der Zukunft analysiert.

2.1 AUSRICHTUNG DES PRODUKTIONSSYSTEMS

Der Begriff Produktionssystem umfasst das Regelwerk bzw. die Methode, wonach die Prozesse des Unternehmens geführt werden. Maßgebliche Entscheidungskomponenten eines Produktionssystems sind [Alb00]:

1) Dezentralisation und Zentralisation der Produktionsentscheidung
2) Verteilung der Lagerhaltung auf die Produktionsstufen
3) Innovation und Produktverbesserung
4) Einsatz flexibler Fertigungssysteme

Innerhalb eines Produktionssystems werden klassischerweise Inputs (zum Beispiel: Material, Energie, Arbeit, Information usw.) durch verschiedene Prozesse in Outputs (zum Beispiel: Produkte, Abfall, Wärme usw.) transformiert. Das Produktionssystem ist dabei als abstraktes Konstrukt zu verstehen, das die grundsätzliche Funktionsweise dieser Transformation, vor allem die sequentielle Abfolge der Produktionsprozesse beschreibt. Klassische Beispiele für Produktionssysteme sind Push-Systeme, in denen die Produktionsprozesse durch den Input des ersten Prozesses gesteuert werden.

In der Vergangenheit standen bei der Entwicklung von Produktionssystemen vor allem Effizienzsteigerungen im Vordergrund, zum Beispiel durch Verbesserung der Synchronisation der Prozesse entlang der Supply-Chain. Das führte zur Einführung von Pull-Systemen, wie zum Beispiel Kanban. Hier werden die Prozesse nach dem Supermarktprinzip durch den Verbrauch der Endprodukte gesteuert. Produktionssysteme waren in erster Linie auf die Bedürfnisse der Unternehmen nach höchstmöglicher Wirtschaftlichkeit ausgerichtet. Durch den Wandel von Angebots- zu Käufermärkten rücken Marktbedürfnisse in den Vordergrund. Produktionssysteme der Zukunft müssen rasch an Marktbedürfnisse anpassbar sowie nachhaltigkeitsorientiert sein. Sie beziehen den gesamten Ressourcenkreislauf über den Point-of-Sale hinaus bis zur Entsorgung und Verwertung des Endproduktes am Ende des Lebenszykluses ein. Der Kunde wird dabei zunehmend als Akteur in die Wertschöpfungskette und somit in die oben genannten Entscheidungskomponenten integriert. Dabei sind auch Szenarien möglich, in denen der Kunde das Produkt selbst entwickelt (zum Beispiel: individuelle Gestaltung von Kleidung) oder auch selbst produziert (zum Beispiel: print on demand).

2.2 KOMPLEXITÄT UND VARIANTENVIELFALT

Das legendäre Modell-T von Ford wurde zwischen 1915 und 1925 ausschließlich in schwarzer Farbe produziert, um die Fertigung durch die Nutzung einer einzigen Lackierstraße zu verbilligen und zu verkürzen. Heutzutage können Autos in fast jeder Farbe ab Werk bestellt werden. Die Zahl der standardmäßig konfigurierbaren Ausstattungskombinationen beträgt dabei mehrere Millionen, wobei zusätzlich noch Möglichkeiten zur weiteren Individualisierung gegeben sind. Gleichzeitig nimmt die Nutzung gemeinsamer Plattformen für verschiedene Automodelle auch über Markengrenzen hinweg deutlich zu. Die Entwicklung neuer Modelle nutzt dabei häufig bestehende Plattformen.

Die Automobilindustrie ist nur ein Beispiel für die gestiegene Variantenvielfalt im Produktionssektor. In anderen Industrien ist ebenfalls eine Vervielfachung der verfügbaren Produktvarianten erkennbar. Getrieben wird diese Entwicklung vor allem durch eine Informationstechnologie, die eine genauere Abstimmung zwischen Kundenwünschen und Produktion erlaubt und so zur Vermeidung von Lagerkosten beiträgt. Dadurch kann auch die Produktion von Varianten in kleinen Stückzahlen lohnend sein, die bei vorhandenem Absatzrisiko sonst nicht produziert worden wären. Somit wird eine

Kundennachfrage bedient, die ansonsten eventuell unentdeckt geblieben wäre. Diese Produktkategorie wird auch als „Long Tail" bezeichnet. Demnach kann ein Anbieter im Internet durch eine große Anzahl an Nischenprodukten Gewinn machen [Bry06] [And06]. Derzeit konzentrieren sich die Möglichkeiten zur gewinnbringenden Nutzung dieser Nachfrage vor allem auf digitale Produkte, zum Beispiel Musik, und relativ einfach herzustellende Produkte, wie zum Beispiel Bücher.

Durch flexible Automatisierung der Produktionssysteme und adaptive Prozessstrukturen wird sich dieser Trend ebenso auf komplexe Produkt- bzw. Variantenportfolios ausdehnen. Der Fokus für Produktionsunternehmen muss demnach auf einer gezielten, marktorientierten und kostengünstigen Bereitstellung von Varianten komplexer Produkte liegen.

2.3 FOKUSSIERUNG VON WERTSCHÖPFUNGSNETZWERKEN

Ein Unternehmensnetzwerk ist „eine auf freiwilliger Basis entstandene zwischenbetriebliche Kooperation mindestens dreier Unternehmen, die dadurch in ihrer unternehmerischen Autonomie partiell eingeschränkt werden" [Möl06]. Während sich in der Vergangenheit eher lokale Wertschöpfungsnetzwerke beobachten ließen, sind heute flexible und globale Wertschöpfungsnetzwerke erkennbar, d. h. es existieren heute mehr Verbindungen zwischen den einzelnen Unternehmen, die über eine zeitlich/räumlich größere Distanz zu koordinieren sind. Da das Ziel dieser Netzwerke in der Regel die Nutzung von Kostensenkungspotentialen ist, werden solche Netzwerke mit sinkenden Netzwerkkosten (durch preiswerte Informationstechnologie sowie sinkende Transportkosten) zunehmen. Allerdings sind globale Netze aber auch empfindlich gegenüber Störungen, wie zum Beispiel bei Zulieferern, in der Transportlogistik oder den IT-Netzen.

Zukünftig werden eine ganzheitliche Betrachtung der Wertschöpfungskette bezüglich der Kosten- und Nachhaltigkeitseffizienz sowie der Risiken und damit die Betrachtung eines deutlich größeren Lösungsraums unerlässlich. Die Ausführungen zu Produktionssystemen und Variantenvielfalt haben bereits verdeutlicht, dass die Integration des Kunden in den Wertschöpfungsprozess selbst in Zukunft an Bedeutung gewinnen wird. Vor diesem Hintergrund ist die systematische Integration des Endkunden in Netzwerkstrukturen eine Herausforderung der Zukunft. Dabei wird sich das Verständnis einer gleichberechtigten Partnerschaft entwickeln. Begriffe wie Kosten-Nutzen-Teilung und Fairness werden an Bedeutung zunehmen.

2.4 AUSGESTALTUNG DER QUALITÄTSSICHERUNG

In flexiblen Produktionssystemen und komplexen Wertschöpfungsnetzwerken kommt der Qualitätssicherung eine besondere Rolle zu. Während früher die Qualitätssicherung output-orientiert war (d. h. das Ergebnis eines Prozesses wurde kontrolliert, bevor das Produkt an die nächste Wertschöpfungsstufe übergeben wurde), ist die Qualitätskontrolle und -optimierung heute innerhalb der Prozesse bzw. der Supply-Chain angesiedelt.

Mit zunehmender Komplexität und Flexibilität der Produktionssysteme werden besondere Anforderungen an die Qualitätssicherung gestellt. In Zukunft werden sich selbst optimierende Produktionsprozesse angestrebt, bei denen eine automatisierte, holistische Überwachung der ganzen Prozesskette erfolgt. Die Qualitätssicherung erfolgt dabei antizipativ bereits in Entwicklung und Konstruktion durch Definition bestimmter Ziele, die ein selbstoptimierendes System erreichen sollte und Identifikation der entsprechenden Parameter, die zur Erreichung dieser Ziele variiert werden können. Das System ist dann in der Lage, Zielabweichungen zu erkennen und selbständig Verbesserungen vorzunehmen.

2.5 ENTWICKLUNG VON PRODUKTIONSKOSTEN

Einhergehend mit der Wandlung der Produktionssysteme von einfachen Push-Systemen zu integrierten Wertschöpfungsnetzwerken, die den gesamten Lebenszyklus eines Produktes umschließen, ergeben sich neue Entwicklungen für die Produktionskosten und deren Steuerung. Während Kosteneinsparungen früher in der Regel durch Reduktion der direkten Personalkosten und der variablen Produktionskosten erreicht wurden, sind heute indirekte, produktionsnahe verwaltende Bereiche, zum Beispiel Werkzeugbau, oder die aktive Steuerung des Umlaufvermögens in die Kostensteuerung integriert. Life-Cycle-Costing Ansätze, die nicht nur die Kosten der Produktion eines Produktes, sondern auch die Kosten der Nutzung (Energiekosten, Wartung, Opportunitätskosten bei Ausfall) einbeziehen, werden derzeit noch selten genutzt. Einhergehend mit der Transformation der Produktionssysteme wird die Steuerung von Kosten und Preisen in Zukunft vermehrt einem ganzheitlichen Ansatz folgen, der Kosten und Nutzen eines Produktes ressourcenorientiert über den gesamten Lebenszyklus betrachtet. Eine neue Herausforderung ist dabei die Bewertung von Nachhaltigkeitsaspekten, die zukünftig eine stärkere Rolle bei Kaufentscheidungen spielen werden.

2.6 ENTWICKLUNG DES PRODUKTIONSPLANUNGSVERSTÄNDNISSES

Die Produktionsplanung umfasst im Wesentlichen die Bereiche Absatz- und Vertriebsplanung, Bestandsplanung, Primärbedarfsplanung und Ressourcengrobplanung [LE98]. Die Flexibilisierung der Produktionssysteme, komplexe Wertschöpfungsnetzwerke sowie die hohe Variantenvielfalt erfordern ein entsprechend angepasstes Verständnis der Produktionsplanung.

Während die Produktionsplanung in der Vergangenheit eher zentralistisch geprägt war und einen relativ weiten Planungshorizont hatte, ist sie heutzutage wertschöpfungsorientiert, flexibel und besitzt einen kürzeren Planungshorizont. Aus dieser Entwicklung lässt sich ein Trend hin zu einer echtzeitnahen Produktionsplanung und -abstimmung im Wertschöpfungsnetzwerk erkennen. Darüber hinaus zeichnet sich eine Entwicklung zur Selbststeuerung einer Produktion auf Basis der Agententheorie ab.

Im Zusammenhang mit der prognostizierten Entwicklung zur Belieferung des Long Tails auch für komplexe Produkte, werden produce-on-demand Modelle zunehmen, die ausgehend von einer verbindlichen Nachfrage alle benötigten Ressourcen (tangible und intangible) in hoher Geschwindigkeit entlang der Wertschöpfungskette zusammenführen und dem Kunden zur Verfügung stellen (als fertigen Output oder zur Selbstproduktion). Analog zu den Ausführungen zur Variantenvielfalt sind integrierte Echtzeit-Informationssysteme eine Lösungsvoraussetzung.

2.7 ENTWICKLUNG DES HUMANKAPITALS

Human Capital beschreibt die Leistungsfähigkeit und Leistungsbereitschaft aller Mitarbeiter eines Unternehmens. Es beinhaltet das Wissen und die Motivation der Mitarbeitergesamtheit sowie deren Bereitschaft, dieses Wissen im Rahmen ihrer organisatorischen Aufgabenerfüllung einzusetzen. Diese Definition impliziert bereits, dass es aus Unternehmenssicht nicht nur auf die individuellen Fähigkeiten (also das Humanvermögen jedes Einzelnen), sondern auf die wirksame Nutzung des Wissens für die Zwecke des Unternehmens ankommt. Die Entwicklung des Humankapitals ist für die Produktion insofern von großer Bedeutung, als dass Forschung und Entwicklung im Vorfeld der späteren Produktion im Wesentlichen von der Leistung der entsprechenden Mitarbeiter abhängen. Das Vorhandensein von qualitativ hoch entwickeltem Humankapital entscheidet daher langfristig über den Erfolg einer Volkswirtschaft im globalen Wettbewerb. Im Produktionsbereich kann zwischen akademischen Eliten und Fertigkeitseliten unterschieden werden. Der Begriff Fertigkeitseliten bezieht sich dabei auf die für die Durchführung des Produktionsprozesses wichtigen Kompetenzen. Die akademischen Eliten beschreiben dagegen die für die Forschung und Entwicklung benötigten Kompetenzen.

Global betrachtet waren die Fertigkeitseliten sowie die akademische Eliten in der Vergangenheit ausschließlich in Hochlohnländern angesiedelt. In Schwellenländer ausgelagerte Produktion erforderte kein komplexes Prozesswissen. Durch die Internationalisierung der Ausbildung und gestiegene Möglichkeiten, das im Ausland erworbene Wissen auch in der Heimat anzuwenden, sind heutzutage vermehrt akademische Eliten in Schwellenländern verfügbar. Bezüglich der Fertigkeitseliten ist ein ähnlicher Trend zu beobachten, da Schwellenländer wie Indien und China ausländischen Unternehmen den Markteintritt teilweise nur in Kooperation mit lokalen Unternehmen genehmigen.

3 DIE STRATEGISCHEN ERFOLGSPOSITIONEN DER ZUKUNFT UNTER DEM EINFLUSS GLOBALER METATRENDS

Aus der Analyse der Gestaltungsfelder der Produktionsparadigmen können in Verbindung mit globalen Metatrends die strategischen Erfolgspositionen der Zukunft abgeleitet werden. Ein Metatrend (nicht zu verwechseln mit Megatrend) bezeichnet dabei einen nicht-zyklischen Trend mit systemischem oder evolutionärem Charakter. Im folgenden Abschnitt werden knapp die Metatrends beschrieben, die Einfluss auf die Entwicklung der Produktionsparadigmen der Zukunft haben.

3.1 GLOBALE METATRENDS, DIE DIE PRODUKTIONSPARADIGMEN VERÄNDERN

Verschiebung von Märkten

Es vollzieht sich eine zunehmende Verschiebung von Absatzmärkten sowie Herstellern von Produktions- und Anlagegütern in Schwellenländer. Durch den zunehmenden wirtschaftlichen Aufschwung und den dadurch ansteigenden Reichtum von Schwellenländern wie China oder Indien werden diese als Absatzmärkte immer interessanter. Durch teilweise Marktzugangsrestriktionen, die lokale Kooperationspartner erfordern (zum Beispiel Automobilindustrie in Indien oder China) sind diese Länder nicht nur Exportziele, sondern ziehen die Produktion dieser Güter selbst an. In der Folge werden sich in diesen Ländern auch die Anlagegüterhersteller ansiedeln und nicht mehr nur dorthin exportieren. Die zunehmende Verfügbarkeit von akademischen Eliten in diesen Ländern führt darüber hinaus zur Entstehung starker Konzerne in den Schwellenländern, die nicht nur den lokalen Markt bedienen, sondern zudem in Industrieländer exportieren.

Ressourcenknappheit und Nachhaltigkeit

Mit zunehmendem Wohlstand der Schwellenländer steigt auch deren Ressourcenverbrauch, wodurch die Reichweite knapper Ressourcen (vor allem von Öl) schneller sinkt. Gleichzeitig steigt die Emission von schädlichen Treibhausgasen. Vor diesem Hintergrund werden Nachhaltigkeitsüberlegungen bereits bei der Entwicklung von Produkten und Produktionsverfahren immer wichtiger.

Globalisierung von Wissen

Einhergehend mit dem steigenden Wohlstand der Schwellenländer und der Verschiebung von Produktion und Absatz nimmt die Globalisierung von (Produktions- und Prozess-) Wissen zu. Auf der einen Seite findet ein Wissenstransfer durch Kooperation von Unternehmen aus Schwellenländern mit weltweiten Konzernen statt. Auf der anderen Seite führt die zunehmende Mobilität zu internationaler universitärer und unternehmerischer Ausbildung. Dadurch bilden sich akademische Eliten, die ihr Wissen in ihre Herkunftsländern einbringen. Darüber hinaus ist der Austausch von Informationen durch das Internet beinahe kostenlos, so dass viele Informationen für alle zugänglich sind.

Zunehmende Dynaxität

Nicht nur auf den Absatzmärkten, sondern auch auf dem Arbeitsmarkt ist eine zunehmende Komplexität und Dynamik (Dynaxität) zu beobachten. Bezogen auf die Produkte äußert sich dies in immer kürzeren Produktlebenszyklen, der steigenden Anzahl von Varianten und der Möglichkeit zur Individualisierung. Im Zusammenhang mit der Globalisierung von Ausbildung, Wissen und Mobilität nehmen auch die Verweildauern der Mitarbeiter in einem Unternehmen deutlich ab. Eine vorausschauende Entwicklung des Human Capital wirkt dem entgegen.

Globalisierung von Wertschöpfungsketten und Risikomanagement

Weltweite Verfügbarkeit von Wissen und Technologien und eine preiswerte Mobilität von Mitarbeitern und Waren ermöglichen den Aufbau globaler Wertschöpfungsnetzwerke. Theoretisch sind somit Voraussetzungen für die größtmögliche Effizienz von Produktion und Märkten gegeben. Die Folge sind Marktkonsolidierungen auf globaler Ebene, die mittlerweile nicht nur von Konzernen aus Industrienationen, sondern auch von multinationalen Konzernen aus Schwellenländern vorangetrieben werden. Durch globale Wertschöpfungsnetzwerke steigt ferner die Anzahl der beeinflussenden Faktoren und dabei besonders die der Risiken. Die globale Finanzkrise oder beispielsweise die Folgen der Explosion der Bohrinsel im Golf von Mexiko haben gezeigt, dass dabei teilweise nicht steuerbare Risiken eingegangen werden, die für die Unternehmensexistenz bedrohlich sind. Die Steuerung komplexer Risiken vor dem Hintergrund globaler Wertschöpfung nimmt eine immer bedeutendere Rolle in der Unternehmensführung ein.

3.2 DIE STRATEGISCHEN ERFOLGSPOSITIONEN DER ZUKUNFT

Entsprechend der in Abschnitt 1 beschriebenen Zusammenhänge lassen sich aus der Analyse der Gestaltungsfelder der Produktionsparadigmen die strategischen Erfolgspositionen der Zukunft unter dem Einfluss der in Abschnitt 3.1 beschriebenen globalen Metatrends ableiten. Im Folgenden werden diese strategischen Erfolgspositionen näher beschrieben.

Global effizienter Ressourceneinsatz

Eine nachhaltigkeitsorientierte Ausrichtung des Produktionssystems beinhaltet den effizienten Einsatz der verfügbaren Ressourcen unter dem Primat eines Zielausgleichs aus Ökonomie, Ökologie und Sozialem. Die Ressourcenverfügbarkeit muss dabei räumlich und zeitlich unbeschränkt gesehen werden. Ressourcen sind nachweislich knapp, sodass ein effizienter Umgang damit geboten ist und mittlerweile durch regulatorische Vorschriften sowie eine zunehmende Sensibilisierung der Endkunden zur strategischen Erfolgsposition wird.

Ganzheitliche Betrachtung und Planung von Supply-Chain-Kosten und -Risiken

Die wirtschaftlich turbulenten Zeiten der Finanzkrise ab 2008 und die damit einhergehende weltweite Rezession haben deutlich die Wichtigkeit eines funktionierenden Risikosystems und einer flexibel an Marktbedingungen anpassbaren Organisation und Produktion gezeigt. Voraussetzung einer derartigen Produktion ist eine abgestimmte, sicher steuerbare Wertschöpfungskette, die auch bei kurzen Planungshorizonten effizient arbeitet (bis hin zur Echtzeitplanung). Die Bewertung und Vermeidung von Risiken entlang der gesamten Supply-Chain wird dabei zur strategischen Erfolgsposition. Voraussetzung dafür sind integrierte IT-Systeme und entsprechende vertrauensbildende Maßnahmen, die die notwendigen Informationen in hoher Geschwindigkeit für alle

Teilnehmer verfügbar machen. Wenn die Integration der anderen Teilnehmer des Wertschöpfungsnetzwerkes in die Risikobetrachtung nicht möglich ist, sollten die Unternehmen in strategischen Bereichen die eigene Wertschöpfungstiefe erhöhen, um Flexibilität gegenüber Marktbedingungen zu erreichen. Andernfalls ist eine Wertschöpfungs- und Risikoverteilung auf Netzwerkpartner geboten.

Wandlungsfähigkeit von Produktionssystemen

Die Verkürzung von Produktlebenszyklen erfordert eine ständige Innovation der Produktionstechnologien und die rasche Anpassung der Produktionssysteme. In der Analyse der Gestaltungsdimensionen der Produktionsparadigmen wurde bereits die Notwendigkeit von deren Integration in ein globales Wertschöpfungsnetzwerk postuliert. Um der Dynamik folgen zu können, reicht die bisherige Flexibilität nicht mehr aus, sondern erfordert die Fähigkeit zur Strukturveränderung mit minimalem Aufwand und unternehmensübergreifend. Diese Fähigkeit wird als Wandlungsfähigkeit bezeichnet. Wesentliche Eigenschaften derartiger Systeme sind Modularität, Mobilität, Skalierbarkeit, Kompatibilität und Universalität [Wie09] [WNR09]. Wenn die Anpassung praktisch ohne Aufwand erfolgt, wird von Supra-Adaptivität gesprochen. Angedacht wird auch bereits eine Auto-Adaptivität, welche die mehr oder weniger selbständige Veränderung einer Produktion aufgrund veränderter Produktionseinrichtungen erlaubt. Neben der rein technischen Anpassung der Produktionssysteme ist die Anpassung der Produktionssteuerung, der IT-Systeme sowie der Ablauf- und ggf. Aufbauorganisation von gleichrangiger Bedeutung. Hinsichtlich der IT-Systeme und Unternehmenssteuerungssysteme (ERP) bestehen noch erhebliche Barrieren, die auf die überwiegend noch monolithischen Strukturen zurückzuführen sind.

Entwicklung und strategische Nutzung von Fertigkeitseliten

Für das Fortbestehen und die Wettbewerbsfähigkeit des Produktionsstandorts Deutschland ist die Existenz von Fertigkeitseliten unerlässlich. Um diesen Wettbewerbsvorteil zu wahren, ist es notwendig, den Aufbau und Erhalt von Fertigungswissen und damit die Existenz von Fertigkeitseliten zu fördern. Akademische Eliten werden in Zukunft weltweit verfügbar sein. Da die akademischen Eliten als eine Voraussetzung bzw. zumindest als ein positiver Einflussfaktor für die Existenz von Fertigungseliten angesehen werden, zeigt sich, dass dieser Wettbewerbsvorteil in Gefahr ist. Daher sollten die Fertigkeitseliten gezielt durch entsprechende Ausbildungsprogramme entwickelt und strategisch als Erfolgsfaktor genutzt werden.

Innovative Produkte aus verketteten Produktionsprozessen

Da die industrielle Produktion in Deutschland keine direkten Kostenvorteile gegenüber Niedriglohnländern bietet, kann ein Wettbewerbsvorteil nur durch spezielles Know-how (zum Beispiel Entwicklungs- oder Prozesswissen) oder die Einzigartigkeit des Produktes (zum Beispiel durch Neuartigkeit) sichergestellt werden. Da diese Faktoren in immer kürzeren Abständen von der Konkurrenz adaptiert werden, ist eine permanente Innovation die einzige Möglichkeit zur Wahrung des Vorteils. Antizipative, marktorientierte Produktionssysteme ermöglichen die rasche Implementierung von Innovationen in den Produktionsablauf. Ziel sind sogenannte Plug-and-Produce Systeme, die bei ihrer Einführung oder Umstellung keine Implementierungshürden aufweisen.

4 HANDLUNGSEMPFEHLUNGEN FÜR DEN PRODUKTIONSSTANDORT DEUTSCHLAND

Aus der Analyse der Produktionsparadigmen unter dem Einfluss der globalen Metatrends konnte die Entwicklung einiger strategischer Erfolgspositionen abgeleitet werden. Um diese erreichen zu können, steht die industrielle Produktion in Deutschland weiterhin vor großen Herausforderungen. Die folgenden Handlungsempfehlungen sollen die Richtung anzeigen, die eingeschlagen werden muss, um weiterhin wettbewerbsfähig zu sein. Die konkrete Ausgestaltung der Empfehlungen ist die Herausforderung für die Zukunft.

Mitarbeiterqualifizierung und Wissensmanagement vorantreiben

Deutschland ist weltweit für qualitativ hochwertige und verlässliche Entwicklung von innovativen Produkten sowie für die Produktion von High-Tech Produkten bekannt. Bei weiter zunehmender Automatisierung mit einer anspruchsvollen Technologie erfordern die für die Produktion notwendigen Tätigkeiten insbesondere hochwertig qualifizierte Mitarbeiter. Dafür werden sowohl akademisch ausgebildete Mitarbeiter verschiedener Fachrichtungen in der Entwicklung sowie spezialisierte Facharbeiter benötigt. Zwar wird vor allem die akademische Ausbildung in der Regel kaum durch Unternehmen gesteuert, dennoch sollten Unternehmen sich stärker in der bedarfsgerechten Ausbildung der Mitarbeiter engagieren. Vor allem multinationale Unternehmen können dabei ihre Möglichkeiten anbieten, frühzeitig internationale Erfahrungen zu sammeln. Einhergehend mit Aus- und Fortbildung der Mitarbeiter ist der Verbleib des Wissens im Unternehmen eine zentrale Herausforderung. Derzeit verfügen viele Unternehmen über kein umfassendes Wissensmanagement. Das Wissensmanagement sollte sich dabei nicht nur auf Mitarbeiterwissen erstrecken, sondern alle verfügbaren Informationen, die im Entwicklungs- und Herstellungsprozess generiert werden, sowie verfügbare Kunden- und Marktinformationen, einbinden.

Aktive Gestaltung/Management von Wertschöpfungsnetzwerken

In Branchen, in denen die Produktion aus logistischen Gründen, aus Kostengründen oder sonstigen Überlegungen nicht mehr in Deutschland verbleibt, können aus Deutschland heraus wichtige Beiträge zum Produktionsprozess geleistet werden. Die Rolle des Orchestrators von globalen, komplexen Wertschöpfungsnetzwerken kann auch in Deutschland angesiedelt sein. Dadurch können hierzulande gezielt vorhandene Kompetenzen gefördert werden und zur Erhaltung strategisch wichtiger Bestandteile der Wertschöpfung in Deutschland beitragen. Dies gilt insbesondere für den Bereich Forschung und Entwicklung.

Interdisziplinarisierung der Entwicklung

Der technologische Fortschritt ermöglicht vielfach die Vereinigung verschiedener Anwendungen in einem Produkt (Konvergenz von Produkten), wie sie bei der Mechatronik als Zusammenspiel von Mechanik, Elektronik und Software bereits erfolgreich realisiert wurde. Die Entwicklung solcher Produkte erfordert das Zusammenführen des Knowhows aus verschiedenen Wissensfeldern. Gefördert werden kann dies bereits durch interdisziplinäre Ausbildungen und Studiengänge sowie durch entsprechende öffentliche Förderung interdisziplinärer Forschungsprojekte mit theoretischem und praktischem Hintergrund.

Nutzenorientierte Geschäftsmodelle

In verschiedenen Gestaltungsdimensionen der Produktionsparadigmen spielt die Berücksichtigung von Nachhaltigkeitsaspekten eine bedeutende Rolle. Der Einsatz von Ressourcen wird dabei über den gesamten Lebenszyklus betrachtet. Analog dazu muss die Betrachtung von Kosten und Nutzen ebenfalls über den gesamten Lebenszyklus eines Produktes und der darin enthaltenen Ressourcen erfolgen. Dafür werden Life-Cycle-Costing Modelle (zum Beispiel die Analyse der Total Cost of Ownership) verwendet. Die konsequente Betrachtung des gesamten Lebenszykluses führt zwangsläufig auch zu Veränderungen im Geschäftsmodell produzierender Unternehmen. Die Geschäftsmodelle müssen sich dazu in der Zukunft stärker an dem Nutzen eines Produktes für den Kunden orientieren, anstatt an der eigenen Organisations- und Kostenstruktur. Möglichkeiten zur Erbringung produktnaher Dienstleistungen sollten dabei vermehrt genutzt werden.

Ganzheitliches Risikomanagement entwickeln

Zunehmende Komplexität und Dynamik bieten nicht nur viele Möglichkeiten zur Effizienzsteigerung, sondern führen auch zu komplexeren Risiken. Für die Unternehmen muss in Zukunft ein stärkerer Fokus auf die Beherrschung dieser Risiken liegen. Dies erfordert die genauere Kenntnis von Ursache-Wirkungszusammenhängen zwischen unternehmensinternen und unternehmensexternen Faktoren, um rechtzeitige Anpassungen der Produktionsbedingungen vorzunehmen.

5 FAZIT

Die Rolle Deutschlands als eines der führenden Länder für Produktion und Produktionstechnologie steht auf dem Prüfstand. Verschiedene Prognosen sehen für den Produktionsstandort Deutschland schlechtere zukünftige Bedingungen voraus. Für Beschäftigung und Wertschöpfung hat die industrielle Produktion in Deutschland aber weiterhin eine überragende Bedeutung. Die Stärkung bzw. Erhaltung dieses Bereiches erfordert nicht nur die Unterstützung der Politik durch entsprechende unternehmerische und forscherische Rahmenbedingungen sowie die gezielte Förderung der Ausbildung, sondern auch das Engagement der Unternehmen selbst. Zwar wird der überwiegende Teil industrieller Produkte bereits heute in Niedriglohnländern produziert, die Nachfrage nach entwicklungs- und arbeitsintensiven Produkten, deren Produktion in Deutschland weiterhin lukrativ sein kann, wird aber nicht nachlassen.

In diesem Beitrag wurden maßgebliche Entwicklungen der Produktionsparadigmen aufgezeigt und daraus strategische Erfolgspositionen der Zukunft abgeleitet, um generelle Handlungsempfehlungen geben zu können. Dabei wurde deutlich, dass es für Deutschland immer noch Möglichkeiten zum Erhalt bzw. zur Steigerung des Produktionsstandortes Deutschland gibt. Im direkten Produktionsumfeld liegt der Fokus dabei vor allem auf dem Erhalt der Flexibilität des Produktionssystems (bis hin zur maximalen Individualisierung des Produktes bei einem minimalen Planungshorizont) und der Integration des Kunden in den Wertschöpfungsprozess. In der Unternehmenssteuerung sind vor allem das aktive Management von Wertschöpfungsnetzwerken sowie die Bewertung ihrer Risiken von herausragender Bedeutung. In beiden Fällen spielt der Einsatz von IT als Befähiger eine große Rolle. Zusammenfassend lässt sich konstatieren, dass die Produktion in Zukunft von den vier zentralen Trends Wandlungsfähigkeit, Echtzeit, Selbststeuerung und Nachhaltigkeit geprägt sein wird.

LITERATUR

[Alb00] Albach, H.: Allgemeine Betriebswirtschaftslehre. Gabler, Wiesbaden, 2. Auflage, 2000

[And06] Anderson, C.: The Long Tail – Why the Future of Business is Selling Less of More. Hyperion, 2006

[Bry06] Brynjolfsson, E. et al: From Niches to Riches – Anatomy of the Long Tail. Sloan Management Review, 2006, Vol. 47, No. 4, S. 67-71

[Her59] Herzberg, F. et al (1959): The Motivation to Work. Wiley, 2. Aufl., New York, 1959

[LE98] Luczak, H.; Eversheim, W. (Hrsg.): Produktionsplanung und Steuerung. Springer, Berlin, 1998

[Möl06] Möller, K.: Wertschöpfung in Netzwerken. Franz Vahlen Verlag, München, 2006

[Rog03] Rogers, E.M.: Diffusions of Innovations. Free Press, New York, 5. Auflage, 2003

[Wie09] Wiendahl, H.-P.: Veränderungsfähigkeit von Produktionsunternehmen – Ein morphologischer Ansatz. ZWF Zeitschrift für wirtschaftlichen Fabrikbetrieb 104 (2009) H.1-2, S. 32-37

[WNR09] Wiendahl, H.-P.; Reichardt, J.; Nyhuis, P.: Handbuch Fabrikplanung – Konzept, Gestaltung und Umsetzung wandlungsfähiger Produktionsstätten. Carl Hanser Verlag, München, Wien, 2009

> EMERGING MARKETS BEI MATERIELLEN GRENZEN DES WACHSTUMS – CHANCEN NACHHALTIGER WERTSCHÖPFUNG

GÜNTHER SELIGER

MANAGEMENT SUMMARY

Von 6,7 Milliarden Menschen weltweit prägen 1,2 Mio. Menschen in Europa, Japan und Südkorea, Nordamerika, Australien und wenigen weiteren Inseln des Wohlstands, zunehmend auch in Schwellenländern wie Brasilien, China und Indien unsere industrialisierte Welt mit einem Ressourcenverbrauch, der bei den gegenwärtig vorherrschenden Technologien jedes ökologisch, ökonomisch und sozial verantwortliche Maß überschreitet. Die rational gebotene Nachhaltigkeit lässt sich spezifizieren: Ökonomisch gilt es, die Kräfte menschlicher Initiative und Kreativität zu stimulieren, um durch technologische und soziale Innovation in Zusammenarbeit und Wettbewerb der Wertschöpfungspartner die Nutzenproduktivität von Ressourcen immer weiter zu steigern und unfaire Chancenverteilungen zu beseitigen. Ökologisch gilt es, die nachwachsenden Rohstoffe, Flora und Fauna nur in dem Maß zu beanspruchen, wie sie regenerierbar sind. Produkte und Prozesse sind so zu gestalten, dass nicht nachwachsende Rohstoffe wie Metalle in technologischen Kreisläufen in immer wieder neue Nutzungsphasen überführt und nicht mehr deponiert werden. Sozial gilt es durch Fördern und Fordern sowie durch Hilfe zur Selbsthilfe die benachteiligte Mehrheit der Menschheit zu qualifizieren, ihre Primärbedürfnisse wie Essen, Kleiden, Wohnen und Mobilität aus eigener Kraft unter Einhaltung von Nachhaltigkeitsstandards zu erfüllen. Auf dieser Basis mag es gelingen, menschliche Kultur und Zivilisation im globalen Diskurs allseitig und vielfältig zu entwickeln.

Um diese Ziele zu erreichen und die sich daraus ergebenden Chancen zu nutzen, gilt es, die globale Wertschöpfung und die Vernetzung der Akteure intelligent zu gestalten. Die Dynamik des globalen Wettbewerbs ist zu nutzen, um die rational gebotene Nachhaltigkeit unserer globalen Lebenswelt über Vermittlungs- und Innovationsprozesse zu verfolgen und zu fördern. Die entwickelte industrielle Welt verfügt über vielfältige Kompetenzen in Management und Technologie für mehr Wohlstand mit weniger Naturverbrauch. In vielfältigen Wertschöpfungsprozessen der Energiegewinnung, -wandlung und -nutzung, in Kraft- und Arbeitsmaschinen, in verfahrenstechnischen Anlagen, in Fahrzeugen, in baulicher Infrastruktur, in Informations- und Kommunikationstechnik, in Ernährung, Landwirtschaft und Forsten bestehen gewaltige Effizienzpotenziale. Der Steigerung der Vermittlungsproduktivität kommt bei der Gestaltung nachhaltiger Wertschöpfung eine zentrale Rolle zu. Nur wenn es gelingt, die globale ökologische und soziale Herausforderung den Menschen in aller Welt zu vermitteln, haben wir eine Chance, sie zu bewältigen. Menschen auf unterschiedlichen Bildungsniveaus können in produktionstechnischen Projekten befähigt werden, nachhaltige Wertschöpfung im Sinne von Hilfe zur Selbsthilfe zu entwickeln. Betriebsmittel werden als Lernzeuge ausgelegt, als Artefakte, die dem Nutzer ihre Funktionsweise automatisch vermitteln.

Die Unternehmen in Deutschland mit ihrer mittelständischen technologischen und sozialen Vielfalt, dezentralen Erfahrung und Kompetenz haben große Chancen, sich als fairer Partner nachhaltiger Wertschöpfung im globalen Dorf zu profilieren.

1   HERAUSFORDERUNGEN

6,7 Mrd. Menschen bevölkern heute den Globus, für 2050 werden 9,5 Mrd. prognostiziert. 1960 waren es 3 Mrd. Etwa 1,2 Mrd. Menschen in Europa, Japan und Südkorea, Nordamerika, Australien und wenigen weiteren Inseln der Wohlstands, zunehmend auch in Schwellenländern wie Brasilien, China und Indien prägen unsere industrialisierte Welt mit einem Ressourcenverbrauch, der bei gegenwärtig vorherrschenden Technologien jedes ökologisch, ökonomisch und sozial verantwortbare Maß überschreitet. Bild 1 verdeutlicht die Herausforderung nachhaltiger Entwicklung in ihrer ökonomischen, ökologischen und sozialen Dimension. Seit mehr als 20 Jahren verbrauchen wir als globalisierte Menschheit alljährlich mehr – gegenwärtig ein Viertel bis ein Drittel – als die Erde regenerieren kann. Nur zögerlich werden nicht nachwachsende Rohstoffe kreislauftechnisch in neue Nutzungsphasen überführt.

Bild 1: Ökonomische, ökologische und soziale Herausforderung, Quelle: Worldmapper

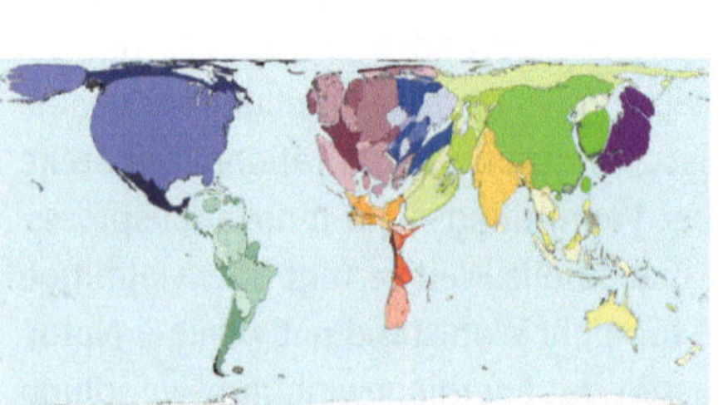

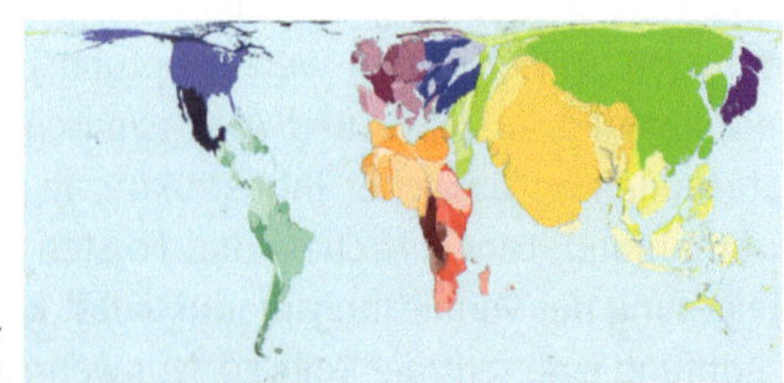

1.1 ENERGIE

Der unsere Wertschöpfung maßgeblich bestimmende weltweite Primärenergieverbauch ist von 2000 bis 2008 um 25% auf über 500 EJ (Exajoule = 10^{18} Joule) oder über 140 PWh (Petawattstunden = 10^{15} Wh) jährlich gestiegen. In Deutschland mit 80 Mio. Einwohnern, also gut einem Prozent Anteil an der Weltbevölkerung von 6,7 Mrd. Menschen stagniert der Energieverbrauch bei 14 EJ oder 4 PWh, also knapp drei Prozent des Weltverbrauchs. Rohöl mit etwa 30%, Erdgas mit fast 20% und Kohle mit etwa 25% tragen zu gegenwärtig etwa drei Viertel den weltweiten Primärenergieverbrauch und verursachen die klimarelevanten weltweiten CO2 Emissionen von fast 30 Gt (10^9 t). Biomasse mit gut 10%, Kernenergie mit 6% und erneuerbare Energien steuern ein weiteres Viertel bei. Umgesetzt wird diese Primärenergie letztendlich in nützlichen Anwendungen zu je einem Achtel für Personen- und Gütertransport, zu etwa einem Drittel für industrielle Produktion und schließlich zu etwa 40% für Infrastruktur mit wesentlichen Anteilen für Heizung und Nahrungsmittelproduktion. Zwischen Primärenergieeinsatz und lebensweltlicher Nutzung liegen vielfältige Prozesse und Betriebsmittel. Wesentliche Elemente dieser Wandlung sind die direkte Kraftstoffnutzung in Maschinen und Anlagen mit etwa drei Fünftel und die Elektrizitätserzeugung mit zwei Fünftel Anteilen. Erzeugt wird Bewegung in Fahrzeugen und Arbeitsmaschinen mit etwa einem Drittel und Prozesswärme in verfahrenstechnischen Anlagen mit etwa der Hälfte des Primärenergieeinsatzes. Sonstige wesentliche Anteile ergeben sich für Beleuchtung und für Informations- und Kommunikationstechnik. Bild 2 gibt diese grobe quantitative Einschätzung der weltweiten Energiekonversion von den Primärressourcen zu den nützlichen Anwendungen wieder. Dabei sind Wandlungsverluste nicht berücksichtigt. Einsparungspotenziale ergeben sich in der Wandlung fossiler Rohstoffe in Kraftstoffe und Elektrizität sowie in der Verteilung und Nutzung dieser Energieträger für Wertschöpfung und Verbrauch in nützlichen Anwendungen [CA10] [VDI10].

Bild 2: Grobe Quantifizierung der weltweiten Energieflüsse in Primärenergieanteilen ohne Wandlungsverluste im ersten Jahrzehnt des 21. Jhd.

1.2 BEDARFE UND VERFÜGBARKEIT

Allerdings nähern sich fossile Rohstoffe, insbesondere Erdöl, zunehmend den Grenzen ihrer Verfügbarkeit. Der sogenannte Peak-Oil, der Zeitpunkt, zu dem die weltweite Förderung nicht mehr weiter gesteigert werden kann, wird wohl gegenwärtig erreicht. Ganz sicher erscheint das aber nicht. So erklärte Khalid Al-Falih, Präsident des weltgrößten Ölunternehmens, des saudi-arabischen Ölkonzerns Saudi Aramco, auf der Weltenergiekonferenz in Montreal im September 2010, er erwarte bis 2030 eine Erhöhung der Rohölnachfrage von heute 86 auf 110 Mio. Barrel pro Tag. Auch aus klimatischen Gründen sollten fossile Ressourcen für die Verbrennung nicht mehr zur Verfügung stehen. Den Klimawandel will Al-Falih allerdings nur mit Benzinverbrauchssenkungen bei Automobilen, mehr Gas in der Stromerzeugung sowie bei wachsendem Kohleverbrauch mit Abscheidung und Einlagerung von Kohlendioxid (CCS) bekämpfen. Die Europäische Union wiederum will nach der Erfahrung der Kopenhagen-Konferenz vom Dezember 2009 sich nunmehr auf verbindliche Reduktionsziele nur dann verpflichten, wenn sich andere auch festlegen (FAZ 15. September 2010, S.12).

Aber nicht nur Erdöl, Erdgas und Kohle sind unter Aspekten der Rohstoffverknappung zu betrachten. Von 2006 bis 2009 stiegen die Kosten für Rohstoffimporte nach Deutschland von 31 Mrd. auf 86 Mrd. Euro, davon allein 16 Mrd. Euro für Metallrohstoffe. Chile, Bolivien und Argentinien verfügen über 70% der Lithiumvorkommen, die für Lithium-Ionen-Akkus in Laptops und Elektroautos benötigt werden. Effiziente Photovoltaikmodule oder LCD-Bildschirme enthalten Indium in relevanten Mengen. Auch für Leuchtdioden kann auf die seltenen Metalle Indium und Yttrium kaum verzichtet werden. Die Energieeffizienz von Elektromotoren und Generatoren erfordert seltene Erden wie Neodym. Der Kupferbedarf steigt für den Ausbau der Energietechnik, für elektrische Schienen- und Straßenfahrzeuge. Der Kupferpreis lag Anfang 2009 bei 3.300 Dollar je Tonne, im August 2010 bei 6.000 Dollar. Fachleute halten Preise von 9.000 bis 10.000 Dollar je Tonne für bald möglich. Recyceltes Material wird zur einzigen langfristig verfügbaren Rohstoffquelle. Bereits 56% des in Deutschland verwendeten Kupfers stammen aus recyceltem Material. Auch Aluminium und Stahl mit weltweit steigenden Bedarfen und entsprechenden strukturellen Preissteigerungen lassen sich gut recyceln. Für seltene Metalle mit ihren sehr geringen Mengen verteilt auf viele Komponenten wie z. B. Computerchips, ist der Materialkreislauf schwieriger zu realisieren. Für Produkt- und Prozessentwicklung ergibt sich die komplexe Herausforderung und Chance im globalen Wettbewerb, quantitativ und qualitativ mehr Funktionalität mit weniger materiellen Ressourcen zu realisieren, um die steigenden Bedürfnisse einer immer noch wachsenden Weltbevölkerung zu befriedigen. Die Nutzenproduktivität von Ressourcen muß erhöht werden (Bild 3) [Sel04].

Bild 3: Nutzenproduktivität von Ressourcen [Sel04]

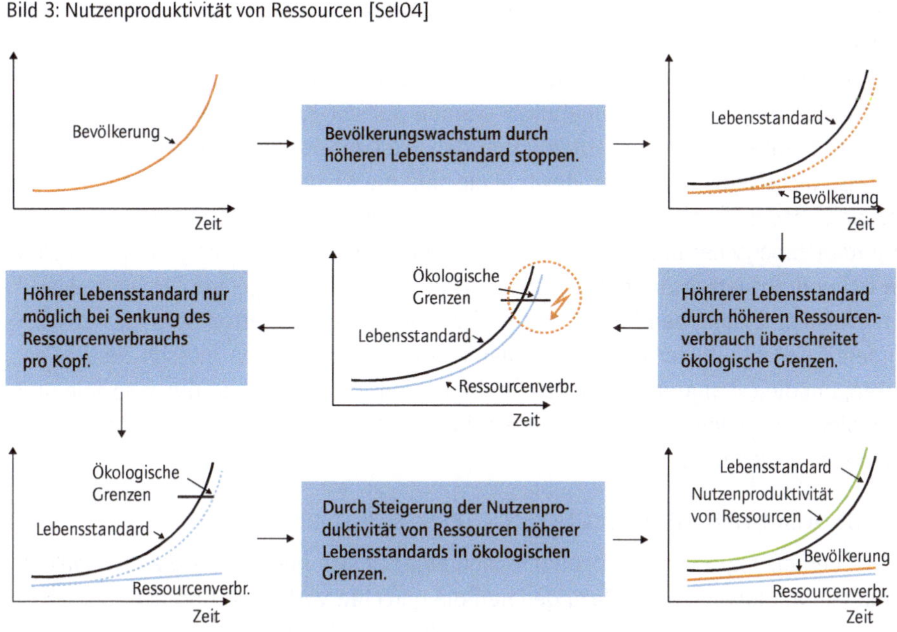

1.3 KLIMA

Dabei ist die sogenannte unbequeme Wahrheit [Gor06] von Menschen beeinflusster Klimaveränderung zu beachten. Seit dem 19. Jahrhundert gab es, vermutlich aufgrund zunehmender Treibhausgase in der Atmosphäre, einen Temperaturanstieg von 0,8 °C. Schätzungen zufolge wird die Temperatur in diesem Jahrhundert um weitere 1 – 6 °C ansteigen. Auswirkungen sind bereits schmelzende Polkappen, eine Aufweichung der Permafrostböden und eine Versauerung der Meere. Die Konsequenzen dieser Entwicklung könnten verheerend sein. Im Jahr 2005 waren 250 Mio. Menschen von Wetterkatastrophen betroffen, deren Kosten auf über 200 Mrd. Dollar geschätzt werden. Sollte nichts gegen den Klimawandel unternommen werden, kommen einem Stern-Report zu Folge hochgerechnet Kosten von ca. 5,5 Billionen Euro auf die Menschheit zu [Ste07]. Am härtesten wird es jedoch die ärmsten Regionen Afrikas, Asiens und Lateinamerikas treffen, die unter Wüstenbildung, veränderten Niederschlagsmustern, sinkender Agrarproduktion und Wassermangel leiden müssten.

Der Verbrauch an regenerativen Ressourcen kann mit dem ökologischen Fußabdruck gemessen werden. Er ist ein Maß für die Fläche Erde, die erforderlich ist, um den derzeitigen Lebensstil der Menschen dauerhaft zu ermöglichen. Der Verbrauch an natürlichen Ressourcen übersteigt demnach gegenwärtig die regenerativen Kapazitäten der Erde um etwa 25%. Wenn diese Entwicklung anhält, würde man im Jahr 2050 zwei Erden benötigen, um den natürlichen Ressourcenbedarf zu decken.

Die Grenzen einer Weltklimapolitik wurden auf der Kopenhagen-Konferenz deutlich. 192 Staaten mit Vetomacht konnten den Weg zur Zusammenarbeit im globalen Interesse nicht vereinbaren. Top down allein sind die Klimaziele offenbar kaum durchsetzbar. Es bedarf wohl auch bottom up vielfältiger intelligenter und verantwortungsvoller unternehmerischer Initiativen, um die rational gebotene Nachhaltigkeit in globalen Wertschöpfungsnetzen zu implementieren. Dabei ergeben sich gerade für Deutschland mit seinem zunehmenden forschungs- und wissensbasierten Wertschöpfungsanteil besondere Chancen. Wissenschaft, Unternehmen und Gemeinwesen müssen zusammenwirken, um die rational gebotene Nachhaltigkeit unserer Lebenswelt durch soziale und technologische Innovation in wettbewerbsfähigen Geschäftsmodellen mit Partnern in aller Welt zu erschließen.

1.4 UNGLEICHHEIT, GEWALTKONFLIKTE, TERROR UND KRIEG

Neben den ökologischen und ökonomischen ergeben sich gewaltige soziale Herausforderungen im globalen Dorf. Dazu gehören die gerechte Verteilung und der Zugang zu Ressourcen, Wohlstand, Rechten, Pflichten, Einfluss- und Wahlmöglichkeiten. Die Hälfte der Weltbevölkerung muss auch heute noch mit weniger als zwei US-Dollar am Tag, ohne Telefon und ohne elektrischen Strom auskommen. Ein Fünftel der Menschheit verfügt über mehr als vier Fünftel des globalen Wohlstands, während über 140 Mio. Kinder hungern. Auch in den industrialisierten Ländern der OECD liegen Ungleichheiten z. B. bei der Entlohnung von Frauen vor. Der Zugang zur Bildung korreliert in vielen Ländern mit der sozialen Herkunft der Menschen.

Die ungleiche Wohlstandsverteilung und die durch Ressourcennutzung und Klimawandel hervorgerufenen Schäden sind häufige, direkte, aber auch indirekte Ursachen für soziale Unruhen und Gewaltkonflikte. Neben der nicht offenen Gewalt, die sich z. B. durch Diskriminierung ausdrückt, wird die Welt derzeit von über 25 Kriegen, über 16 Gewaltkonflikten sowie Terrorismus heimgesucht.

2 CHANCEN UND LÖSUNGSANSÄTZE

Die rational gebotene Nachhaltigkeit globaler Entwicklung läßt sich in ökonomischer, ökologischer und sozialer Dimension spezifizieren. Ökonomisch gilt es, die Kräfte menschlicher Initiative und Kreativität zu stimulieren, um durch technologische und soziale Innovation in Zusammenarbeit und Wettbewerb der Wertschöpfungspartner die Nutzenproduktivität von Ressourcen immer weiter zu steigern und unfaire Chancenverteilungen zu beseitigen. Ökologisch gilt es, die nachwachsenden Rohstoffe, Flora und Fauna nur in dem Maß zu beanspruchen, wie sie regenerierbar sind. Produkte und Prozesse sind so zu gestalten, dass nicht nachwachsende Rohstoffe wie Metalle in technologischen Kreisläufen in immer wieder neue Nutzungsphasen überführt und nicht mehr deponiert werden. Sozial gilt es, durch Fördern und Fordern, Hilfe zur Selbsthilfe die übergroße benachteiligte Mehrheit der Menschheit zu qualifizieren, ihre Primärbedürfnisse wie Essen, Kleiden, Wohnen und Mobilität aus eigener Kraft unter Einhaltung von Nachhaltigkeitsstandards zu erfüllen. Auf dieser Basis mag es gelingen, menschliche Kultur und Zivilisation im globalen Diskurs allseitig und vielfältig zu entwickeln.

2.1 MÄRKTE UND TECHNOLOGIEENTWICKLUNG

Bild 4 skizziert die materielle Herausforderung. Der entwickelten industriellen Welt mit weniger als 1 Mrd. stehen mehr als 5 Mrd. Menschen gegenüber. Rasante technologische Entwicklungen und Vielfalt, Kreativität, unternehmerische Initiative und Dynamik in Wettbewerb und Zusammenarbeit weltweit prägen die Lebenswelt der mobilen Weltbürger aus den Regionen des Wohlstandes, aber auch eine unverantwortliche Ressourcenverschwendung. Die arme Mehrheit blickt, durch moderne Medien immer mehr informiert, mit Faszination, aber auch Empörung, davon ausgeschlossen zu sein, auf die schöne neue Welt. Es liegt in der Verantwortung der wohlhabenden Minderheit, die Möglichkeiten technologischer Entwicklung orientiert an Zielen der Nachhaltigkeit auszuschöpfen.

Bild 4: Nachhaltige Entwicklung für hungrige Märkte

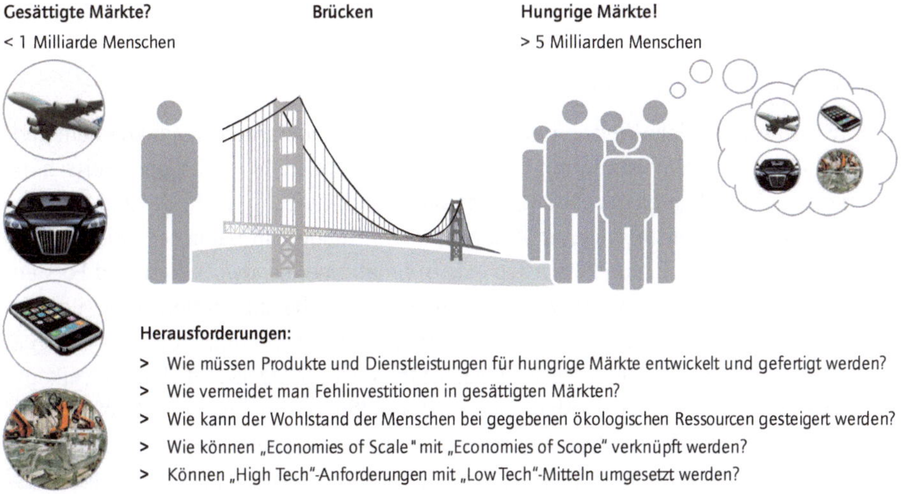
Gesättigte Märkte?
< 1 Milliarde Menschen
Brücken
Hungrige Märkte!
> 5 Milliarden Menschen
Herausforderungen:
> Wie müssen Produkte und Dienstleistungen für hungrige Märkte entwickelt und gefertigt werden?
> Wie vermeidet man Fehlinvestitionen in gesättigten Märkten?
> Wie kann der Wohlstand der Menschen bei gegebenen ökologischen Ressourcen gesteigert werden?
> Wie können „Economies of Scale" mit „Economies of Scope" verknüpft werden?
> Können „High Tech"-Anforderungen mit „Low Tech"-Mitteln umgesetzt werden?

Dabei gilt es, Lebensqualität und Ressourcenverbrauch zu harmonisieren (Bild 5). Für die Wertschöpfung in Deutschland eröffnet diese Herausforderung hervorragende Chancen mit nachhaltigen Dienstleistungen, Produkten und Prozessen. Dabei gilt es auch, die hungrigen Märkte heute noch nicht so kaufkräftiger mehr als 5 Mrd. Menschen mit sozialen Innovationen zu erschließen.

Bild 5: Neue Technologien für mehr Lebensqualität mit weniger Ressourcenverbrauch

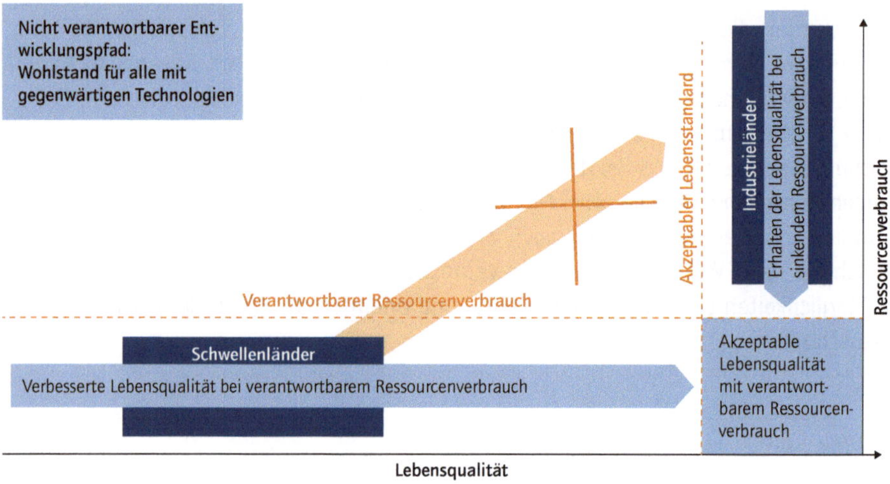

2.2 ENTWICKLUNGSANSÄTZE

Die entwickelte industrielle Welt verfügt über vielfältige Kompetenzen in Management und Technologie für mehr Wohlstand mit weniger Naturverbrauch. In vielfältigen Wertschöpfungsprozessen der Energiegewinnung, -wandlung und -nutzung, in Kraft- und Arbeitsmaschinen, in verfahrenstechnischen Anlagen, in Fahrzeugen, in baulicher Infrastruktur, in Informations- und Kommunikationstechnik, in Ernährung, Landwirtschaft und Forsten bestehen gewaltige Effizienzpotenziale. Durch systematische Integration unter Berücksichtigung dynamischer Bilanzgrenzen der Nachhaltigkeitsbewertung ergeben sich neue Geschäftsmodelle mit höherer lebensweltlicher Effektivität. Nutzen- statt Produktverkauf; innovative Dienstleistungen in Ausbildung für Nachhaltigkeit; Lernzeuge als Artefakte, deren Funktionalität sich dem Nutzer automatisch erschließt; Koordination, Kooperation und Kollaboration in verteilter innovativer Wertschöpfung sind Ansätze für solche Geschäftsmodelle. Die Unternehmen in Deutschland mit ihrer mittelständischen technologischen und sozialen Vielfalt, dezentralen Erfahrung und Kompetenz haben große Chancen, sich als fairer Partner nachhaltiger Wertschöpfung im globalen Dorf zu profilieren.

Wenn durch Bildung und Ausbildung die Fähigkeit der Menschen erhöht wird, ihre Primärbedürfnisse wie Essen, Kleiden, Wohnen und Mobilität aus eigener Kraft und Initiative unter Einhaltung von Nachhaltigkeitsstandards zu erfüllen, ergeben sich gute Chancen, die Ungleichheit globaler Wohlstandsverteilung wesentlich abzuschwächen. Dabei fällt den entwickelten Nationen die Aufgabe zu, ihre wohlstandsbestimmende Technologie so umzugestalten, dass die Nutzenproduktivität der Ressourcen wesentlich erhöht wird. Materieller Wohlstand kann als der Nutzen verstanden werden, den die Menschen aus den produzierten Artefakten ziehen können. Produktionstechnik im weitesten Sinn bestimmt das Verhältnis zwischen Nutzen und dem dazu erforderlichen Ressourceneinsatz. Hierzu bedarf es neuer Herstellungsprozesse und Produkte, erhöhter Nutzungsintensität der Ressourcen und Artefakte sowie eines kreislaufwirtschaftlichen Lebenszyklusmanagements [Sel07].

Bereits 1995 haben von Weizsäcker und Lovins Wege zum doppelten Wohlstand bei halbiertem Naturverbrauch skizziert [WLL97]. Es stehen uns vielfältige Möglichkeiten zur Verfügung, den Ressourcenverbrauch in der ersten Welt ohne Einschränkung der Lebensqualität gewaltig zu senken, die eingefahrenen Bahnen auch unserer technologischen Denkgewohnheiten zu verlassen.

2.3 NACHHALTIGE WERTSCHÖPFUNGSNETZE

Nachhaltige Wertschöpfungsnetze stellen einen ingenieurwissenschaftlichen Forschungsansatz dar, der nachfolgend produktionstechnisch fokussiert wird. Die Dynamik des globalen Wettbewerbs ist zu nutzen, um die rational gebotene Nachhaltigkeit unserer globalen Lebenswelt über Vermittlungs- und Innovationsprozesse zu verfolgen und zu fördern.

Produzierende Unternehmen werden mit einer steigenden Komplexität und einer wachsenden Anzahl an Produkten und Varianten konfrontiert. Um sich im globalen Wettbewerb erfolgreich zu behaupten, konzentrieren sich Unternehmen zunehmend auf ihre Kernkompetenzen, verteilen ihre Wertschöpfung auf eine Vielzahl unterschiedlicher Unternehmen und organisieren sich in globalen Wertschöpfungsnetzen. So ergeben sich neben der Verbesserung von unternehmensinternen Prozessen die größten Potentiale für Nachhaltigkeit in der Planung, Steuerung und Verbesserung von globalen Prozessketten der Wertschöpfung.

Bild 6 skizziert strategische Entwicklungslinien nachhaltiger Wertschöpfung. Wertschöpfungsfaktoren prägen Wertschöpfungsmodule, die sich über Zusammenarbeit und Wettbewerb in vertikaler oder horizontaler Integration zu Wertschöpfungsnetzen verbinden. Es gilt, Wertschöpfung nicht nur in ökonomischer, sondern auch in ökologischer und sozialer Dimension zu bewerten und danach auszulegen, um die Herausforderung unserer globalen Lebenswelt in einer ingenieurwissenschaftlichen Perspektive mit produktionstechnischem Fokus anzunehmen. Dabei sind Unterschiede in den Entwicklungsniveaus unterschiedlicher Länder, aber auch innerhalb von Regionen zu berücksichtigen.

Durch technische Vermittlungs- und Innovationsprozesse sollen extreme Unterschiede abgebaut werden. Exemplarische Lebensweltbereiche für diese Prozesse sind Energie, Produktion und Mobilität.

Bild 6: Wertschöpfungsfaktoren, Nachhaltigkeitsdimensionen, Lebensweltbereiche, Entwicklungsniveaus

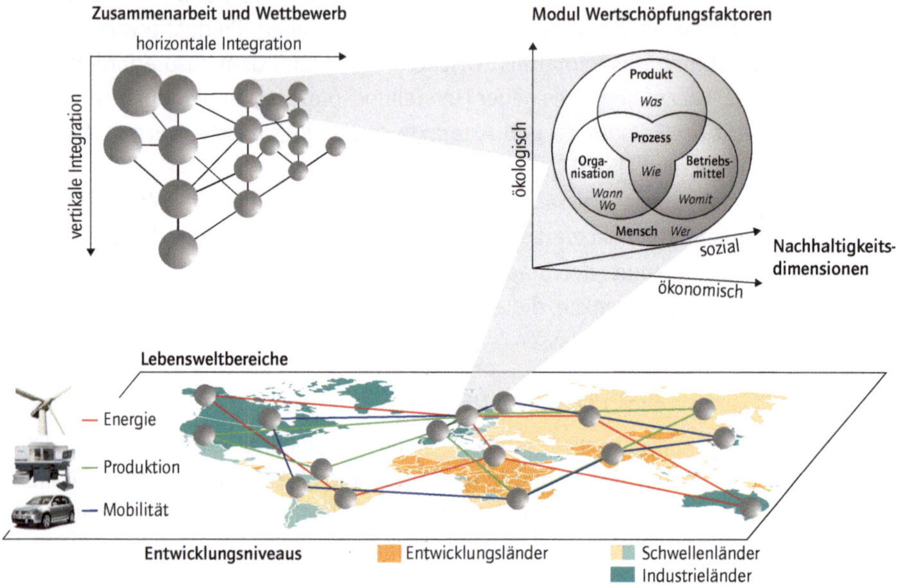

Der Wille, Nachhaltigkeit in den Dimensionen Ökonomie, Ökologie und Gesellschaft zu erreichen, beschreibt eine Handlungssituation für die Industrie, die in ihrem verwobenen, teilweise konfliktären Zielsystem durch Komplexität, Dynamik, Intransparenz und Vernetzung gekennzeichnet ist. Aus produktionstechnischer Sicht kann ein Beitrag zu nachhaltiger Wertschöpfung geleistet werden, indem zukunftsfähige Technologien als treibende Kräfte in den drei Dimensionen ökonomisch, ökologisch und sozial in ihren Wechselwirkungen analysiert, bewertet und entwickelt sowie zu ihrer Anwendung befähigt werden. Voraussetzung hierfür ist es, bereits bei der Planung und Auslegung von Wertschöpfungsnetzen, aber auch bei der Fortentwicklung verfügbarer Technologien, Nachhaltigkeitskriterien in die Entscheidungsprozesse einzubeziehen. Charakterisiert wird diese Aufgabe durch die Komplexität der Wechselwirkungen unterschiedlicher Faktoren in Wertschöpfungsnetzen. Für die Planung und Steuerung nachhaltiger Wertschöpfung ist ein systematisches Verständnis der Wechselwirkungen von ökologischen, ökonomischen und sozialen Faktoren innerhalb des globalen Netzes in einer produktionstechnischen Betrachtungsweise hilfreich. Die Betrachtungsebenen globaler Wertschöpfung, von den technischen Details der Werkzeugwirkflächen, Maschinen und Anlagen über Fabriken, regionale Kompetenzverbünde bis hin zu unternehmensstrategisch bestimmten globalen Wertschöpfungsnetzen und externen Effekten, müssen strukturiert erfasst werden, um Ansatzpunkte für nachhaltige Gestaltung zu identifizieren. Es muss möglich werden, die große Komplexität einer unter Nachhaltigkeitskriterien erforderlichen systemischen Sicht durch angemessene Abstraktion zu operationalisieren. Die konfliktären Zielstellungen nachhaltigen Handelns sind aufzulösen und Wege zu verantwortungsvollen Entscheidungen und Initiativen zu bestimmen. Der Befähigung von Menschen zu nachhaltigem Handeln durch Bildung kommt dabei eine Schlüsselrolle zu. Die wichtigste Quelle für Ideen und daraus resultierende Innovationen sind gut ausgebildete Menschen. Zukünftigen Entscheidern sind die Prinzipien nachhaltiger Entwicklung zu vermitteln. Geeignete Vorgehensweisen für nachhaltiges Handeln in Wertschöpfungsnetzen sind zu erforschen und umzusetzen. Kunden soll es möglich sein, in Kooperationsverbünden entstandene Waren anhand der Nachhaltigkeit ihrer Entstehung beurteilen und auswählen zu können, um einen Paradigmenwechsel hin zu gesellschaftsweitem nachhaltigen Handeln zu ermöglichen.

Produktionstechnik wird auch in ihrer besonderen Rolle als Hilfe zur Selbsthilfe auf unterschiedlichen Wohlstandsniveaus in Entwicklungs-, Schwellen- und Industrieländern, aber auch innerhalb von Regionen, begriffen. Dabei werden Fragen der dezentralen Wertschöpfung ohne Verlust der Wettbewerbsfähigkeit gegenüber hochproduktiven Fabriken, die unter Nutzung von Skaleneffekten die ganze Welt versorgen, zum Gegenstand der Forschung. Wettbewerbsfähigkeit wird hier nicht nur in den Kategorien von Preisen und Kosten, sondern auch in Bezug auf Ressourceneffektivität und -effizienz, Qualifikation und Bildung sowie Kompetenz zum Aufbau stabiler Infrastrukturen und Gemeinwesen verstanden. Die Fähigkeit zur Entwicklung und Anwendung der Artefakte in nachhaltigen Lebensweltbereichen und ihre Vermittlung über Angebot und Nachfrage lokal, regional, national, kontinental und global erweisen sich als Beiträge ingenieurwissenschaftlicher Forschung zur Bewältigung der globalen Herausforderung einer nachhaltigen Lebenswelt. Die besondere Rolle der Produktion ergibt sich daraus, dass ihr einerseits als Subjekt der Wertschöpfungsprozesse eine universelle Herstellungsfunktion zugewiesen ist, sie andererseits in ihren Betriebsmitteln und Dienstleistungen auch Objekte dieser Wertschöpfungsprozesse verkörpert.

2.4 VERMITTLUNGSPRODUKTIVITÄT

Die rational gebotene Nachhaltigkeit ist den meisten Menschen auf der Erde kaum bewußt. Nur wenn es gelingt, die globale ökologische und soziale Herausforderung den Menschen in aller Welt zu vermitteln, haben wir eine Chance, sie zu bewältigen. Hier ergibt sich eine gewaltige Vermittlungsaufgabe. Menschen auf unterschiedlichen Bildungsniveaus können in produktionstechnischen Projekten aktiviert werden, nachhaltige Wertschöpfung im Sinne von Hilfe zur Selbsthilfe zu entwickeln. Betriebsmittel werden als Lernzeuge ausgelegt, als Artefakte, die dem Nutzer ihre Funktionsweise automatisch vermitteln.

Nachfrage nach und Angebot an nachhaltigen Dienstleistungen und Gütern sind zu stimulieren. Menschen entwerfen in globaler Vernetzung nachhaltige Artefakte unter Berücksichtigung regionaler Restriktionen und propagieren deren Nutzung. Dafür ergeben sich über informations-technische Konzepte wie Semantic Web neue Möglichkeiten, die Vermittlungsproduktivität im globalen Maßstab gewaltig zu erhöhen [Har10]. Für Universitäten mit dem ingenieurwissenschaftlichen Paradigma der Ausschöpfung von Potenzialen für nützliche Anwendungen eröffnen sich in Lehre und Forschung besondere neue Möglichkeiten.

LITERATUR

[CA10] Cullen, J. M.; Allwood, J. M.: The Efficient Use of Energy – Tracing the Global Flow of Energy from Fuel to Service. Energy Policy Vol. 38 (2010), Elsevier, pp. 75-81

[Gor06] Gore, A.: Eine unbequeme Wahrheit – Die drohende Klimakatastrophe und was wir dagegen tun können. Rieman Verlag, München, 2006

[Har10] Harms, R.: Semantic-Web-Wissensbank für Planungsprozesse bei der Wiederverwendung von Produktionsanlagen. Fraunhofer IRB Verlag, Berlin, 2010

[Sel04] Seliger, G.: Global Sustainability – A Future Scenario. Proceedings of the Global Conference on Sustainable Product Development and Life Cycle Engineering, Eigenverlag Berlin, 2004, pp. 29-35

[Sel07] Seliger, G.: Sustainability in Manufacturing – Recovery of Resources in Product and Material Cycles. Springer Verlag, Berlin Heidelberg New York, 2007

[Ste07] Stern, N.: The Economics of Climate Change. The Stern Review, Cambridge, 2007

[VDI10] VDI: Stellungnahme zu Klimaschutz und Energiepolitik, März 2010

[WLL97] Von Weizsäcker, E.U.; Lovins, A.B.; Lovins, L.H.: Faktor vier – Doppelter Wohlstand – halbierter Verbrauch. Bericht an den Club of Rome, Knaur, München, 1997

> INTEGRATIVE PRODUKTIONSTECHNIK FÜR HOCHLOHNLÄNDER

CHRISTIAN BRECHER/STEFAN KOZIELSKI/LUTZ SCHAPP

MANAGEMENT SUMMARY

Der vorliegende Beitrag fasst die grundlegenden Lösungshypothesen zusammen, mit denen im Rahmen des Exzellenzclusters „Integrative Produktionstechnik für Hochlohnländer" die Fragestellung nach einer nachhaltigen und erfolgreichen Produktion an Standorten mit einem hohen Lohnniveau beantwortet werden kann. Im Rahmen einer zielgerichteten produktionstechnischen Forschung muss hierbei die ganzheitliche Betrachtung der für ein produzierendes Unternehmen definierenden Rahmenbedingungen erfolgen. Diese sind sowohl organisatorischer als auch technischer Natur. Sie können im Rahmen einer integrativen Produktionstechnik nicht getrennt werden, sondern müssen allumfassend betrachtet werden.

Trotz der derzeitig positiven Entwicklung der wirtschaftlichen Situation in der produzierenden Industrie hat die Wirtschaftskrise gezeigt, dass solche Entwicklungen nicht immer von Dauer sind und Forschung und Industrie sich schon jetzt den zukünftigen Herausforderungen stellen müssen. Als wesentlich auf dem Weg zu einer integrativen Produktionstechnik sind in diesem Zusammenhang die individualisierte, die virtuelle, die hybride und die selbstoptimierende Produktion zu sehen. Durch Fortschritte auf diesen Forschungsfeldern kann das Spannungsfeld der Produktions- und der Planungswirtschaftlichkeit aufgelöst werden. Über die reine partielle Verbesserung einzelner Produktionsbereiche hinaus kann durch die ganzheitliche Betrachtung der Gestaltungsfelder und Forschungsthemen die Produktion auch in Hochlohnländern in Zukunft wirtschaftlich erfolgen.

Kernelement dieser Betrachtungsweise ist ein hohes Maß an Integrativität durch die Kombination von interdisziplinärem Expertenwissen und unterschiedlichen Fertigungstechnologien. Hybride Fertigungsverfahren wie die laserunterstützte inkrementelle Blechumformung oder die Kombination spanender, generativ aufbauender und thermischer Bearbeitungsverfahren in einem hybriden Bearbeitungszentrum sind Beispiele von im Exzellenzcluster realisierten Technologieentwicklungen. Sie stellen eine Möglichkeit zur Überwindung bisheriger fertigungstechnologischer Grenzen sowie eine Erweiterung der Prozesskettengestaltung dar und erweitern das Einsatzfeld konventioneller Verfahren bei sprunghafter Verbesserung von Leistungskenngrößen.

Die Autoren danken der Deutschen Forschungsgemeinschaft für die Förderung der beschriebenen Arbeiten im Rahmen des Exzellenzclusters „Integrative Produktionstechnik für Hochlohnländer".

1 PRODUKTION IN HOCHLOHNLÄNDERN

Produzierende Unternehmen in Hochlohnländern werden im internationalen Verdrängungswettbewerb immer stärker durch die augenscheinlich im relativen Vergleich niedrigeren Produktionskosten in Niedriglohnländern unter Druck gesetzt. Um dem entgegenzuwirken, reagieren Unternehmen mit einer Verlagerung der Produktionsstätten. Auf Grund der starken Abhängigkeit weiterer Wirtschaftsbereiche (wie beispielsweise der Dienstleistungsbranche) von der industriellen Produktion, gefährdet dieser Trend langfristig den Wohlstand in Europa. Produktionsverlagerungen führen in der Regel auch zu nachfolgenden Verlagerungen von Dienstleistungs-, aber auch von Forschungs- und Entwicklungstätigkeiten [Lay98] [Lau05] [EU04]. Da annähernd 45% der sozialversicherungspflichtigen Erwerbstätigen in Deutschland dem produzierenden Gewerbe zugerechnet werden, nimmt die Produktion eine Schlüsselrolle ein und ihre Abwanderung birgt immense Risiken für die Entwicklung der Volkswirtschaft des Landes [Sta07].

Um die Existenz der Produktionsstandorte zu sichern und ihre Handlungsfähigkeit zu verbessern, dürfen Länder mit im relativen Vergleich hohen Lohnkosten nicht nur passiv auf die genannten Veränderungen reagieren. Die Wettbewerbsarenen müssen vielmehr aktiv nach ihren Vorstellungen gestaltet werden. Um dies zu ermöglichen, wird im Rahmen des von Bund und Ländern geförderten Exzellenzclusters an der RWTH Aachen die „Integrative Produktionstechnik für Hochlohnländer" erforscht. Ziel des Exzellenzclusters ist die Auflösung der wesentlichen Spannungsfelder in den Herausforderungen der Produktion zur Herstellung kundengerecht individualisierter Produkte zu Massenproduktionspreisen bei minimalem Planungsaufwand. Es werden speziell auf Hochlohnländer zugeschnittene Methoden für die Organisation und den Technologieeinsatz in Hochlohnland-Produktionsstätten entwickelt. Dabei werden alle Produktionsfaktoren einschließlich menschlicher Arbeitskraft adressiert, um signifikante Wettbewerbsvorteile für die Produktion in Hochlohnländern zu realisieren.

1.1 HOCHLOHNLÄNDER UNTER WETTBEWERBSDRUCK

Produktionsunternehmen in Hochlohnländern stehen zunehmend unter globalem Wettbewerbsdruck, der sich in sinkenden Margen und Absatzzahlen bemerkbar macht. Die neuen Wettbewerber stammen aus Niedriglohnländern, verfügen über Wettbewerbsvorteile durch niedrigere Lohnkosten und verbessern gleichzeitig stetig ihre technologischen Fähigkeiten. Dieser Trend spiegelt sich deutlich an der Verteilung der weltweiten Produktion im Laufe des letzten Jahrhunderts wider (siehe Bild 1) [Tse03].

In den 1930er Jahren begann der Anteil der westlichen Industrienationen – d. h. Europa und die nordamerikanischen Staaten – am globalen Produktionsvolumen stetig zuzunehmen [AKN06]. Diese Länder übten auch bis etwa 1930 den größten Wettbewerbsdruck aus, was zu einem ausgeprägten Wohlstands- und Wirtschaftsgefälle führte. Als eine Auswirkung des voranschreitenden globalen Handels sowie der steigenden technologischen Leistungsfähigkeit der Wettbewerber trat um das Jahr 1930 allmählich ein Wandel ein: China, Japan, Russland, Brasilien, Mexiko und andere aufstrebende Länder bauten ihre Anteile am weltweiten Produktionsvolumen zu Lasten der traditionellen westlichen Wirtschaftsmächte kontinuierlich aus.

Bild 1: Verteilung der weltweiten Produktion 1750 bis 2000, Quelle: WZL/Fraunhofer IPT

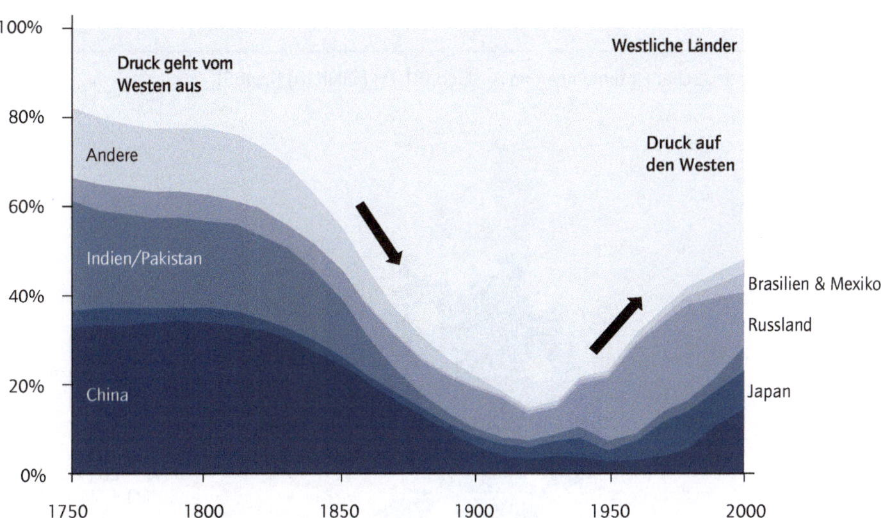

Eine Untersuchung der Deutschen Industrie- und Handelskammer DIHK ergab, dass 23% der deutschen Industrieunternehmen eine Produktionsverlagerung im Ausland planen [KLM04]. Jedes vierte Unternehmen mit Erfahrungen im Auslandsgeschäft plant (32%) oder betreibt (68%) eine Verlagerung der Produktion, siehe Bild 2. Hierbei muss zwischen dem Outsourcing an ausländische Zulieferfirmen und dem Aufbau eigener Produktionsstandorte im Ausland unterschieden werden. Laut einer Studie des Fraunhofer Instituts für Systemtechnik und Innovationsforschung ISI wählten im Jahr 2003 etwa ein Drittel der verlagernden Betriebe aus den Kernbranchen des verarbeitenden Gewerbes ausschließlich die Variante des Outsourcings. Bei knapp der Hälfte erfolgte die Verlagerung an eigene Standorte und der Rest bediente sich beider Optionen [DIHK10]. Die Zielregionen der Verlagerungsaktivitäten waren dabei vorrangig die EU-Beitrittsländer und Asien. Nord-, Süd- und Mittelamerika spielen nur eine ungeordnete Rolle. Aktuell ist davon auszugehen, dass im Vergleich zum Jahr 2004 ein verstärkter Aufbau eigener Produktionsstätten in Niedriglohnländern erfolgt.

Besonders kritisch zu sehen ist die auf eine Produktionsverlagerung folgende Verlagerung der Forschungs- und Entwicklungstätigkeiten von 17% der FuE-aktiven Unternehmen. Niedrige Lohnkosten, der direkte Bezug zu den ausländischen Produktionsstandorten und die Nähe zu den dort ansässigen Kunden sind die Hauptgründe für eine solche Verlagerung. Ausgelagerte FuE-Aktivitäten sind vorrangig Konstruktion (58%), technische Entwicklungen (52%), Tests (31%), Softwareentwicklung (28%) und Grundlagenforschung (14%) [RT05].

Bild 2: Investitionen deutscher Unternehmen im Ausland [RT05] [DIHK10] [Lau05]

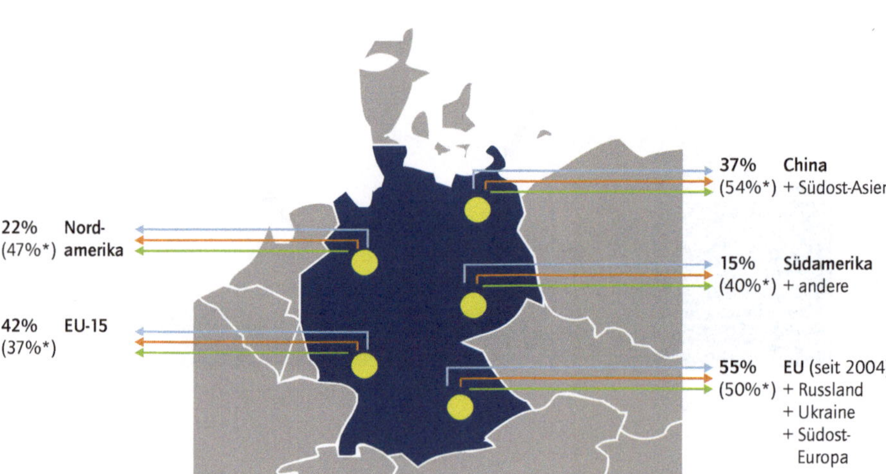

* Anteil an Unternehmen, die Investitionen in der Region planen (Mehrfachnennungen möglich)

Innerhalb des Exzellenzclusters „Integrative Produktionstechnik für Hochlohnländer" werden daher an der RWTH Aachen neue Konzepte für die Produktionstechnik entworfen, die die Wettbewerbsfähigkeit westlicher Hochlohnländer steigern, indem diese zur wirtschaftlicheren Produktion im Hochlohnland befähigt werden. Auf den Stärken dieser Produktionsstandorte aufbauend, werden Ansätze verschiedener Wissenschaftsdisziplinen in ein ganzheitliches Konzept integriert, das neuen globalen Wettbewerbsstrukturen gerecht wird und zur Stärkung der Innovationskraft und Wettbewerbsfähigkeit der Hochlohnländer beitragen soll [Bul07]. Basis dieser Steigerung der Wettbewerbsfähigkeit ist die Auflösung des so genannten „Polylemmas der Produktionstechnik".

1.2 DAS POLYLEMMA DER PRODUKTION IN HOCHLOHNLÄNDERN

Das Handeln eines Produktionsunternehmens findet grundsätzlich im Spannungsfeld der Produktions- und der Planungswirtschaftlichkeit statt. Die Positionierung im Spannungsfeld erfolgt dabei in Abhängigkeit der Kostenstruktur und ist somit standortabhängig. Die Optimierung der Produktionswirtschaftlichkeit wird in Niedriglohnländern durch eine Fokussierung auf die Erschließung von Skaleneffekten (Economies of Scale) erreicht, während für Firmen in Hochlohnländern eine Positionierung zwischen Massenproduktion (Economies of Scale) und der Individualisierung der Produkte (Economies of Scope) notwendig ist. In der zweiten Dimension, der Planungswirtschaftlichkeit, bemühen sich die Hersteller in Hochlohnländern um eine kontinuierliche Optimierung der Prozesse mit in der Regel entsprechend anspruchsvollen, kapitalintensiven Planungsinstrumenten und Produktionssystemen. Der Schlüssel zur Stärkung der Wettbewerbsfähigkeit der Hochlohnländer liegt in der weitgehenden Auflösung der Gegensätze in den Dimensionen der Produktions- und Planungswirtschaftlichkeit. Das Feld, das durch die disziplin-spezifischen Gegenpole aufgespannt wird, bildet das sogenannte Polylemma der Produktion, siehe Bild 3.

Bild 3: Das Polylemma der Produktion, Quelle: WZL/Fraunhofer IPT

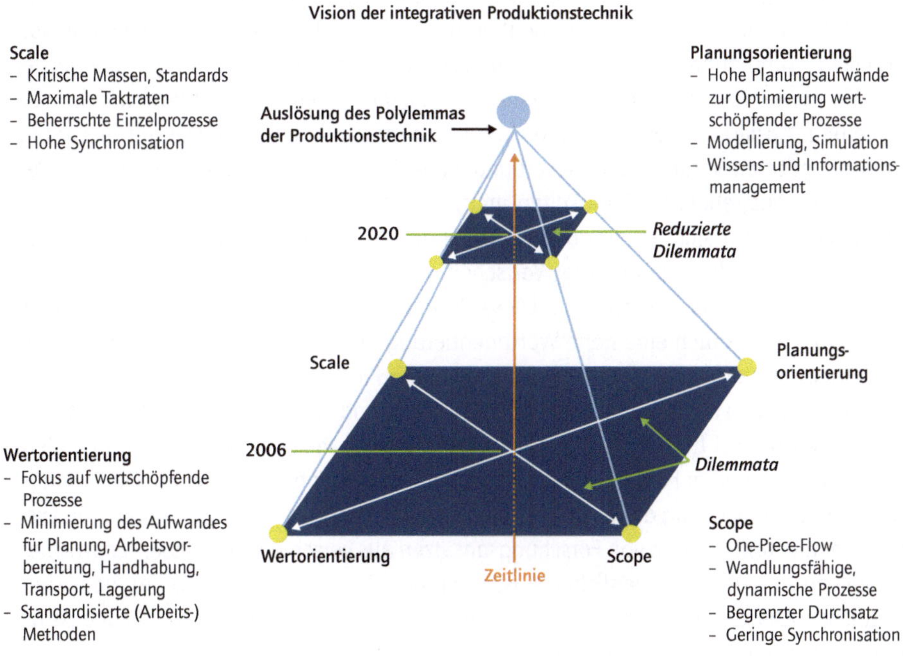

Das Polylemma veranschaulicht die Problematik der Auflösung der genannten Spannungsfelder in der Produktions- und Planungswirtschaftlichkeit. Hinsichtlich der Produktionswirtschaftlichkeit können geringe Stückkosten durch die Auslegung des Produktionssystems für die Economies of Scale erzielt werden. Die zur Realisierung von Skaleneffekten notwendige Effizienzsteigerung wird beispielsweise durch Prozessstandardisierung erreicht. Hierbei können sowohl die technischen (Fertigungs-)Prozesse, als auch die organisatorischen Geschäftsprozesse Ziel der Standardisierung innerhalb des Produktionssystems sein. Anlagentechnisch kommen bei der Massenproduktion häufig verkettete Systeme mit hohem Automatisierungsgrad zum Einsatz. Mit der durch den hohen Automatisierungsgrad gesteigerten, hohen Produktivität geht in der Praxis meist eine durch die Standardisierung verminderte Flexibilität einher. Die vorteilhaften Skaleneffekte werden durch eine geringe Anpassbarkeit des Produktionssystems auf sich ändernde Randbedingungen, zum Beispiel ein geändertes Marktverhalten, erkauft. Bei der Auslegung einer Produktion im Rahmen der Economies of Scope ist die Erlangung einer hohen Adaptivität das primäre Ziel. Die Geschäftsprozesse und technischen Systeme sind so gestaltet, dass die produzierbaren Güter innerhalb großer konstruktiver Freiräume gefertigt werden können. Damit verbunden sind jedoch zusätzliche Investitionen oder ein hoher Anteil manueller Tätigkeiten sowie eine geringere Produktivität der Anlagen, was zu höheren Stückkosten gegenüber der skalenoptimierten Fertigung führt.

Ähnlich gegensätzlich verhalten sich die Pole in der Dimension der Planungswirtschaftlichkeit. Eine hohe Planungsorientierung bedeutet die extensive Verwendung von Modellen, Simulationen und Optimierungsansätzen zur Unterstützung betrieblicher Abläufe sowie von Planungs- und Entscheidungsprozessen (Produktionsplanung und -steuerung, Auslegung von Produktionsprozessen und -anlagen etc.). Der mit dieser planungsorientierten Vorgehensweise verbundene Aufwand ist sehr hoch, so dass hohe Personalkosten entstehen. Da Tätigkeiten im planerischen Umfeld nicht unmittelbar wertschöpfender Natur sind, stehen diese Ansätze im Widerspruch zu Konzepten des Lean Managements, welche gerade die Wertschöpfung durch möglichst effiziente Planungskonzepte zu maximieren versuchen. Diese Position ist im Spannungsfeld der Planungswirtschaftlichkeit durch eine hohe Wertorientierung repräsentiert. Hier wird auf aufwändige Planungs- und/oder Steuerungsprozesse in der Produktion weitgehend verzichtet.

Die Auflösung der Gegenpole in der Produktions- und Planungswirtschaftlichkeit stellt somit den Schlüssel für die auch in Zukunft erfolgreiche Produktion in Hochlohnländern dar. Sie muss daher im Fokus der produktionstechnischen Forschung stehen. Die Lösungshypothese zur Erreichung dieses Ziels ist die Sicherstellung einer hohen Integrativität. Dies bedeutet die Kombination von Forschungsansätzen aus verschiedenen wissenschaftlichen Disziplinen zu einem ganzheitlichen Ansatz mit dem Ziel, das Polylemma der Produktion aufzulösen. Der Gegensatz zwischen Economies of Scale und Economies of Scope ist genauso zu verringern wie der Gegensatz zwischen Planungs- und Wertorientierung.

Unternehmen in Hochlohnländern müssen im Rahmen der integrativen Produktionstechnik die Globalisierung als Chance und nicht als Bedrohung sehen. Sie dürfen auf die Anforderungen des Marktes nicht mit überstürzten Entscheidungen reagieren. Trotz der bereits stattfindenden Umwälzungen wird in Hochlohnländern erfolgreich produziert, wie die herausragende Stellung der deutschen Exporterlöse im Maschinen- und Anlagenbau eindrucksvoll beweist. Die Verlagerung von Produktionsstätten in Niedriglohnländer muss als Teil einer globalen Unternehmensstrategie verstanden werden, in der eine Aufteilung der Produktionskapazitäten nach den lokalen Vorteilen der Standorte stattfindet. Der Betrieb von Produktionsstätten sowie die enge Kooperation mit Unternehmen in anderen Ländern ist ein zentraler Treiber für das Wachstum von Umsatz und Gewinn im verarbeitenden Gewerbe. Zielstellung ist jedoch die Befähigung von Hochlohnländern, volkswirtschaftlich signifikante Teile der globalen Wertschöpfungskette inländisch betreiben zu können. Dies erleichtert das Erreichen hoher Produkt- und Prozessqualitäten sowie das Absichern von Produkt- und Prozesswissen im Sinne des Schutzes geistigen Eigentums.

1.3 RELEVANTE ZIELBRANCHEN UND PRODUKTSEGMENTE FÜR HOCHLOHNLÄNDER

Um die Produktionsaktivitäten in Hochlohnländern ausbauen zu können, ist eine stärkere Fokussierung der produktionswissenschaftlichen Forschung auf relevante und wachstumsträchtige Handlungsfelder erforderlich. Für die nachfolgenden Ausführungen sollen daher einige der für Deutschland primären relevanten Branchen der produzierenden Industrie zur Erläuterung der Ansätze einer integrativen Produktionstechnik in den Vordergrund gestellt werden. Im Einzelnen sind dies:

- die Automobilindustrie: Fahrzeugproduktion einschließlich der vorgelagerten Wertschöpfungsketten der Zulieferer,
- die Luftfahrtindustrie: Entwicklung, Herstellung, Verarbeitung und Montage von Flugzeugen und Komponenten,
- der Maschinen- und Anlagenbau und
- die Energietechnik: Herstellung der Komponenten von Verdichtern und Turbinen.

Diese Branchen stehen in Deutschland innerhalb des verarbeitenden Gewerbes für fast 30% des Nettoproduktionswertes und zählen zu den Hochtechnologiebranchen in der Produktionstechnik. Neben dieser branchenbezogenen Fokussierung stellt sich die Frage nach den relevanten Produktsegmenten einer Produktionstechnik in Hochlohnländern. Hierbei müssen zwei Betrachtungsperspektiven unterschieden werden:

- *Produktionstechnik als Produkt:* Produktionstechnik kann im Sinne von Maschinen, Geräten, Informationstechnik und entsprechenden Dienstleistungen als Produkt aufgefasst werden, das weltweit vertrieben wird.

– *Produktionstechnik als Mittel zur Herstellung von Produkten:* Bei dieser Betrachtungsperspektive steht das Produktionssystem im Vordergrund, mit dem in Hochlohnländern unterschiedliche Produkte hergestellt werden. Die Produktionstechnik stellt somit das Mittel für die Fertigung von Gütern dar.

Soll die Strategie für die Entwicklung der produzierenden Industrie in Hochlohnländern dabei nachhaltig erfolgreich sein, so muss beiden Perspektiven gleichermaßen Rechnung getragen werden. Die in Hochlohnländern entwickelte Produktionstechnik (Perspektive 1) muss sowohl die Märkte in Hoch- als auch Niedriglohnländern adressieren. Darüber hinaus müssen Gestaltungskonzepte zur Erschließung von langfristigen Wettbewerbsvorteilen für in Hochlohnländern produzierende Unternehmen gefunden werden. Hinsichtlich der technologischen Leistungsfähigkeit können innerhalb der Produktionstechnik drei Klassen identifiziert werden: Premium, Medium und Low-Price [VDMA07]. Je höher die technologische Leistungsfähigkeit des produktionstechnischen Systems, desto größer müssen auch die zu seiner Realisierung vorhandenen technischen Fähigkeiten sein. Der relative Anteil von Premium-Produktionstechnik ist geringer als der Anteil von Medium- bzw. Low-Price-Lösungen.

Ein wichtiges Merkmal der Premium-Produktionssysteme ist die vertikale Differenzierung, die sich aus der schwierigen Beherrschbarkeit von Produktionssystemen in diesem Leistungsbereich ergibt. Nur technologisch führende Unternehmen sind in der Lage, diese Systeme zu implementieren. Hochlohnländer müssen eine technologische Führungsposition im Bereich der Produktionssysteme einnehmen, um Niedriglohnländer im Wettbewerb unter Druck setzen zu können. Um dies zu erreichen, sind die Weiterentwicklung von Produktionstechniken und der Schutz des technologischen Vorsprungs von entscheidender Bedeutung. Weiterhin müssen sie diese Premium-Produktionstechnik auch zur Produktion im eigenen Land einsetzen, siehe Bild 4.

Bild 4: Klassifizierung von Produktionssystemen, Quelle: WZL/Fraunhofer IPT

Produktionstechnik für den Premium-Bereich (Hochlohnländer)
- High-End-Produktion im eignenen Land
- Sichern des technologischen Vorsprungs

Produktionstechnik für den Medium- und Low-Price-Bereich (Niedriglohnländer)
- Stetige Verkleinerung des Premiumbereichs erfordert Fokussierung auch auf Medium und Low-Price
- Sichern eines breiten Absatzvolumens der Produktionstechnik

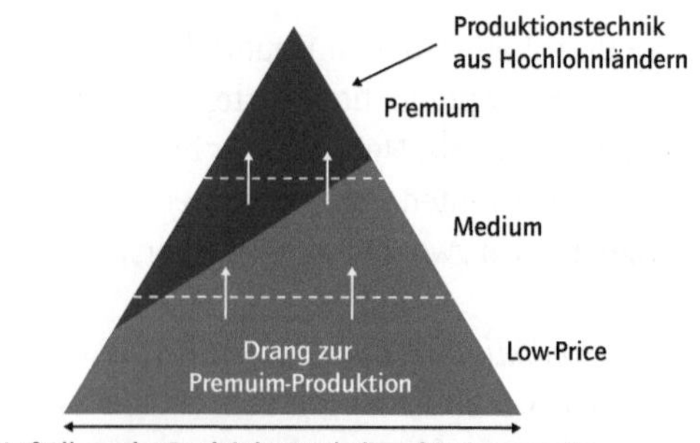

Niedriglohnländer, wie zum Beispiel Indien und China, stoßen im Zuge ihrer technologischen Weiterentwicklung aus dem Low-Tech und Medium-Tech-Bereich in die Märkte für Premium-Produktionstechnik vor [VDMA07]. Da der Wettbewerbsdruck im Premium-Bereich zunimmt und der Markt relativ klein ist, müssen Hochlohnländer auch Produktionssysteme für den Medium-Tech- und in geringem Maß auch für den Low-Tech-Bereich bereitstellen können, um eine kritische Größe ihrer Wertschöpfung sicherzustellen. Durch diese Diversifizierung reduzieren sie zum einen ihre Abhängigkeit vom Premium-Bereich bei gleichzeitiger Erhöhung des Wettbewerbsdrucks auf Low-Cost-Countries. Zum anderen partizipieren sie an den großen Marktvolumina der Medium-Tech- und Low-Tech-Produktionstechnik. Dies erfordert jedoch die Auflösung des Spannungsfeldes zwischen Scale und Scope, da produktionstechnische Produkte im Medium-Tech- und Low-Tech Bereich oftmals andere Vertriebs-, Organisations- und Technikansätze erfordern als Produkte im Premiumbereich mit vergleichsweise geringen Stückzahlen.

Ein weiterer Grund für Hochlohnländer, Produktionstechnik sowohl aus dem Premium- als auch aus dem Mittelklassebereich anzubieten, ist die Abhängigkeit der optimalen Intensität der Technologienutzung vom regionalen Lohnkostenniveau. Die Intensität der Technologienutzung steht dabei für die geforderte Leistungsfähigkeit („Performance") der Produktionsmittel, die sich wiederum in Größen wie dem Qualitätsniveau und dem erforderlichen F&E-Aufwand widerspiegelt, siehe Bild 5.

Bild 5: Optimale Intensität der Technologienutzung, Quelle: WZL/Fraunhofer IPT

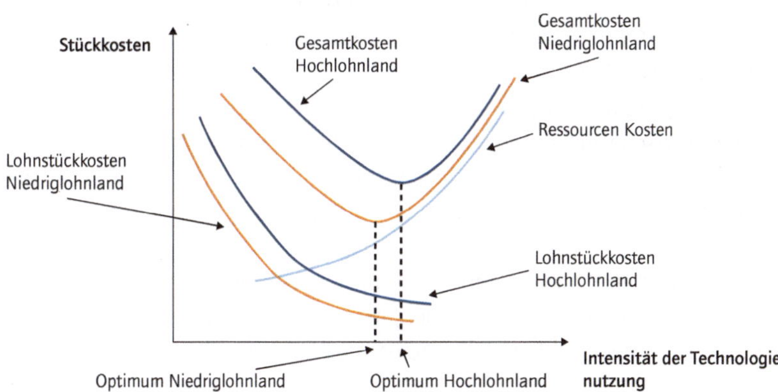

Für diese Betrachtung werden Ressourcenkosten und Lohnstückkosten unterschieden, die zusammen die Stückkosten ergeben. Ressourcenkosten (für Material, Energie und Investitionen) nehmen mit zunehmender Intensität der Technologienutzung zu; weltweit schwanken sie nur in geringem Maße. Da mit zunehmender Technologieintensität menschliche Arbeit durch Technik substituiert wird und die Outputmengen steigen, sinken die Lohnstückkosten hingegen bei steigender Intensität der Technologienutzung. Im globalen Vergleich unterliegen sie außerdem im Gegensatz zu den Ressourcenkosten hohen länder- und regionenspezifischen Schwankungen. Ein Hochlohnland weist bei gleicher Intensität der Technologienutzung höhere Lohnstückkosten auf. Somit ist die stückkostenoptimale Intensität der Technologienutzung in einem Niedriglohnland geringer als in einem Hochlohnland. In Niedriglohnländern ist eine hoch automatisierte Produktion nicht sinnvoll. Somit sind für diese Länder Produktionssysteme aus dem Medium-Bereich kostenoptimal, während in Hochlohnländern das Kostenminimum durch Premium-Produktionstechnik erreicht wird.

1.4 ZIELSYSTEM FÜR DIE PRODUKTIONSTECHNISCHE FORSCHUNG

Aus den vorangegangenen Überlegungen lassen sich Ziele der notwendigen produktionstechnischen Forschung hinsichtlich der Dimensionen Forschungsinhalt und Forschungsbezug definieren.

Die Forschungsthemen sollen einen signifikanten Beitrag zur Steigerung der Effektivität und/oder der Effizienz in direkten und indirekten Prozessen sowie hinsichtlich aller fünf Produktionsfaktoren: Prozess, Maschine, Material, Energie und Mensch, leisten. Die inhaltliche Ausrichtung der Forschungsthemen sollte so gewählt sein, dass diese einen möglichst großen Beitrag zur Auflösung des Polylemmas der Produktion leisten, da dies einem wesentlicher Schritt zur Steigerung der Wettbewerbsfähigkeit von Unternehmen in Hochlohnländern gleichkommt. Der Produktionsfaktor Mensch muss dabei als strategischer Wettbewerbsvorteil betrachtet und seine besondere Rolle in der Produktion weiter ausgestaltet werden.

Die Forschungsthemen müssen sich auf Branchen beziehen, die für Hochlohnländer eine besondere wirtschaftliche und/oder industrielle Relevanz besitzen. Aufgrund ihrer volkswirtschaftlichen Bedeutung und ihrer technologischen Führerschaft sind dies die Bereiche Automotive, Luft- und Raumfahrt, Energieerzeugung sowie der Maschinen- und Anlagenbau.

Um den zahlreichen Randbedingungen und Herausforderungen bei der Gestaltung eines Produktionssystems gerecht zu werden, müssen integrative, also disziplinübergreifende Forschungsansätze und Forschungsfelder gewählt werden.

2 FORSCHUNGSFELDER DER INTEGRATIVEN PRODUKTIONSTECHNIK

Um das formulierte Polylemma der Produktion vor dem Hintergrund des dargestellten Zielsystems aufzulösen, ist die Erforschung einer integrativen Produktionstechnik durch strukturierende, erklärende und adaptive Ansätze innerhalb des Exzellenzclusters in die vier Kernthemen Individualisierung, Virtualisierung, Hybridisierung sowie Selbstoptimierung der Produktion gegliedert (siehe Bild 6).

Bild 6: Forschungsfelder der integrativen Produktionstechnik, Quelle: WZL/Fraunhofer IPT

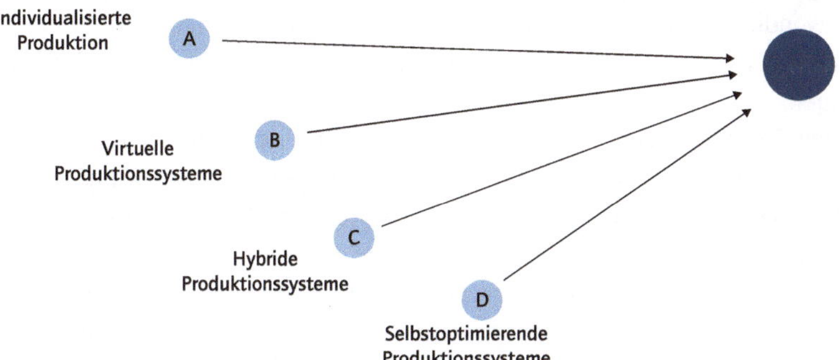

2.1 INDIVIDUALISIERUNG DER PRODUKTION

Das Konzept der individualisierten Produktion (engl. „Mass Customization") verbindet die gegensätzlichen Produktionskonzepte der Massenfertigung (engl. „Mass Production") und der Einzelfertigung (engl. „Customization") [SG06], um wirtschaftliches Produzieren kundenindividueller Produkte zu ermöglichen [BCLF05] [RP03]. So leistet die individualisierte Produktion einen wichtigen Beitrag zur Lösung des Dilemmas zwischen Scale und Scope.

Der Aspekt der Individualisierung der Produktion kann aus zwei Perspektiven betrachtet werden. Aus Kundensicht stellt sich bezogen auf eine spezifische Produktkategorie die Frage nach dem wünschenswerten Individualisierungsgrad. Dahinter verbirgt sich die Kosten-Nutzen Abwägung zwischen den Möglichkeiten der Produktindividualisierung einerseits und den dadurch verursachten zusätzlichen Kosten andererseits. Aus Produzentensicht stellt sich hingegen die Frage, wie viel Individualisierung bei den eigenen Produkten notwendig ist, um hinreichend große Kundenmärkte nachhaltig bedienen zu können. Andererseits wird auch die wirtschaftliche Machbarkeit der Individualisierung eines Produktspektrums hinterfragt.

Folgende Sachverhalte stehen im Mittelpunkt der Forschungsfragen hinsichtlich des Themenkomplexes Individualisierung:

- Wie viel Individualisierung erfordern die für Hochlohnländer volkswirtschaftlich relevanten, globalen Kundenmärkte, um auf diesen nachhaltig erfolgreich agieren und wachsen zu können? (Betrachtung der Kundensicht)
- Wie kann diese notwendige Individualisierung innerhalb eines Produktionssystems organisatorisch und technisch so umgesetzt werden, dass die Produktentstehungskosten in wirtschaftlich wettbewerbsfähigen Grenzen bleiben? (Betrachtung der Produzentensicht)

Da die Individualisierungswünsche der Kundenseite hinsichtlich unterschiedlicher Produktkategorien stark variieren können und auch nur wenig beeinflussbar sind, ist die zweite Forschungsfrage für die Produktionstechnik von vorrangiger Bedeutung. Sie adressiert die Notwendigkeit, produzierende Unternehmen in Hochlohnländern zu einer zunehmend individualisierten Produktion in volkswirtschaftlich relevanter Größenordnung zu befähigen.

Das optimale Betriebskonzept für eine individualisierte Produktion ist aus logistischer Sicht der One-piece-flow. One-piece-flow beschreibt eine pufferlose Fertigung, in der die Werkstücke/Produkte in Losgröße 1 idealerweise ohne Liegezeiten von Bearbeitungsstation zu Bearbeitungsstation wandern. Dabei werden nicht wertschöpfende Zeiten und Bestandskosten minimiert. Gleichzeitig kann die Variabilität der Produkte aus Sicht der Logistik theoretisch maximiert werden. One-piece-flow ist ein typisches Konzept für kleine Losgrößen/Einzelfertigung (scope). Für größere Losgrößen – insbesondere die ökonomisch relevanten Produktionen – können One-piece-flow Konzepte bislang nur unzureichend umgesetzt werden.

Ausgehend von der Zielstellung des One-piece-flow können die oben genannten Forschungsfragen weiter konkretisiert werden. Eine der vorrangigen Fragestellungen bezieht sich dabei auf die optimale Gestaltung der Elemente eines Produktionssystems. Wie können eine Produktstruktur und eine Produktionssystemstruktur so aufeinander abgestimmt werden, dass sie einen hinreichend optimalen Betriebspunkt des Produktionssystems im Sinne des One-piece-flow erreichen? Hierzu sind erklärende und strukturierende Forschungsansätze notwendig. Die erklärenden Forschungsansätze müssen die Beziehungen, Abhängigkeiten und Wechselwirkungen zwischen den Elementen des realen Produktionssystems und den Eigenschaften des betrachteten Produktspektrums aufzeigen. Das dadurch gewonnene Verständnis ermöglicht dann strukturierende Forschungsansätze, die sich mit der Entwicklung geeigneter Vorgehensweisen für die abgestimmte Gestaltung von Produkten und Produktionssystemen beschäftigen. Dies kann sich sowohl auf den Produzenten als auch auf den Kunden beziehen, der in die Lage versetzt wird, Produkte nach seinen eigenen Wünschen unter Berücksichtigung von Randbedingungen der Machbarkeit zu gestalten.

Der zweite wesentliche Forschungsaspekt bezieht sich auf die gleichzeitige Steigerung von Produktivität und Flexibilität in den Produktionstechnologien, also den technologischen Prozessen sowie den dazugehörigen Produktionsmaschinen.

Dies bedeutet zum einen, dass Fertigungstechnologien der individualisierten Produktion für größere Stückzahlen qualifiziert werden müssen. Klassische Vertreter solcher Fertigungstechnologien sind Rapid Manufacturing Verfahren, bei denen ohne Einsatz produktindividueller Werkzeuge direkt aus den CAD-Datensätzen Bauteile gefertigt werden. Diese zumeist generativen Fertigungstechnologien weisen allerdings den grundlegenden Nachteil auf, dass sie für die Serienfertigung zu langsam und somit auch zu teuer sind. Die Auflösung der Gegensätze von Scale und Scope ist mit dem Stand der Technik dieser Verfahren somit nicht möglich. Werden die mit diesen Fertigungsverfahren erzielbaren Aufbauraten, also die Geschwindigkeiten der Produktentstehung gesteigert, wird jedoch die Reduktion des o.g. Spannungsfeldes erreicht.

Einer der prominentesten Vertreter dieser generativen Fertigungsverfahren ist das „Selective Laser Melting". Hier werden Metallpulverschichten sequentiell auf einen Grundkörper aufgetragen und von einem Laserstrahl lokal bis zur Schmelze erhitzt, so dass hiermit quasi beliebig gestaltete Bauteilgeometrien erstellt werden können. Im Rahmen des Exzellenzclusters werden deshalb erweiterte Möglichkeiten zur Produktivitätssteigerung dieses Verfahrens erarbeitet. Eine erste Steigerung ist durch die Verwendung von Laserstrahlquellen mit einer höheren Strahlqualität bei gleichzeitig höherer Laserleistung möglich. Des Weiteren werden Laserstrahloptiken entwickelt, mit denen Laser unterschiedlichen Fokusdurchmessers eingesetzt werden können. So kann zur Erzielung hoher Aufbauraten und Bauteilkonturen mit geringen Genauigkeitsanforderungen ein Laser mit hoher Leistung und großem Brennfleck verwendet werden, während für filigrane Bauteilbereiche ein Laser mit geringerem Fokusdurchmesser zum Einsatz kommt.

Ebenfalls beträchtliche Einsparungseffekte lassen sich in der Entwicklung von Produktionsanlagen erzielen. Produktionsanlagen zur Massenfertigung bestehen aus zwei grundsätzlich verschiedenen Elementen. Zum einen aus der Werkzeugmaschine, die die Produktion verschiedenster Bauteile innerhalb festgelegter Merkmalsgrenzen erlaubt, und zum anderen aus dem Werkzeug.

Der klassische Engineering-Prozess im Werkzeugmaschinenbau ist durch das überwiegend sequentielle Durchschreiten der Disziplinen Mechanik, Elektrokonstruktion und Steuerungssoftware gekennzeichnet. Da auch kundenspezifische Aufträge einen hohen Anteil wiederkehrender Funktionen beinhalten, lassen sich individuelle Maschinen zum großen Teil aus vorhandenen, parametrierbaren Komponenten erstellen. Insbesondere für Varianten- und Änderungskonstruktionen lassen sich somit die benötigten Unterlagen wie Fertigungszeichnungen, Stücklisten, Schaltpläne sowie Steuerungsprogramme mit Hilfe eines Baukastensystems automatisch zusammenstellen. Im Rahmen des Exzellenzclusters wird die Umsetzung für den effizienten Einsatz hierfür notwendiger mechatronik-orientierter Baukastensysteme zur Auftragsabwicklung untersucht, siehe Bild 7.

Auch bei Werkzeugen lassen sich trotz ihrer Individualität wiederkehrende Funktionen erkennen, die durch in Kleinserie vorgefertigte Module realisiert werden können. Die Durchlaufzeit und die Kosten zur Herstellung eines Neuwerkzeugs können durch die Verwendung der Module stark reduziert werden, da eine Konzentration auf den formgebenden Teil des Werkzeugs möglich ist und eine komplette Neukonstruktion vermieden werden kann. Innerhalb des Exzellenzclusters werden Modularisierungskonzepte für Gieß- und Extrusionswerkzeuge untersucht und der Versuch unternommen, die Auslegung von Fließkanälen für Extrusionsformen zu automatisieren.

Bild 7: Entwicklung eines mechatronik-orientierten Baukastensystems, Quelle: WZL/Fraunhofer IPT

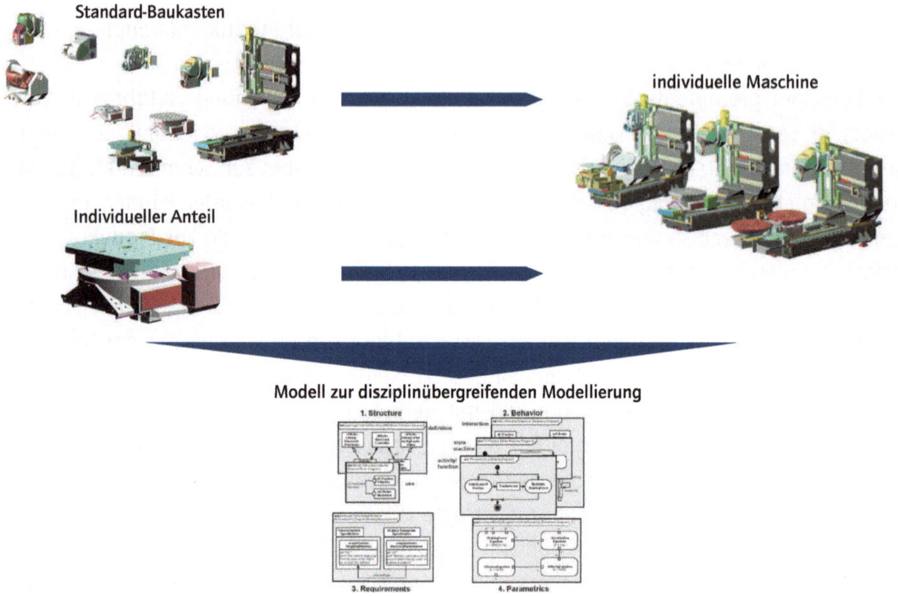

Die ersten Ergebnisse zeigen, dass dies zunächst eine nicht zu unterschätzende Umstellung hinsichtlich der klassischen Entwicklungsmethoden und -abläufe darstellt und ein Umdenken in den Entwicklungs- und Konstruktionsabteilungen erfordert. Demgegenüber bietet dieser Ansatz eine große Chance, den Entwicklungsaufwand signifikant zu reduzieren, so dass diese Technik weiter erforscht werden muss.

2.2 VIRTUALISIERUNG UND DIGITALISIERUNG DER PRODUKTION

Der Einsatz von Simulationssystemen ist insbesondere für Unternehmen in Hochlohnländern von besonderer Bedeutung, da aufgrund der marktseitigen Rahmenbedingungen die Anforderungen an Produkt- und Prozessqualitäten im Regelfall höher als in Niedriglohnländern sind. Aufgrund des zunächst nicht wertschöpfenden Charakters des Simulationseinsatzes muss jedoch die Leistungsfähigkeit der virtuellen Produktentstehungskette – im Sinne einer höheren Planungswirtschaftlichkeit – kontinuierlich erhöht werden. Im Einzelnen müssen dabei folgende, teilweise auch gegenläufige Zielstellungen verfolgt werden:

- Steigerung der Qualität der erarbeiteten bzw. erzeugten Ergebnisse. Diese Qualität bezieht sich z. B. auf die Aussagequalität sowie die Realitätskonformität von Berechnungsergebnissen oder die Qualität von erfassten, entscheidungsrelevanten Informationen aus einem Produktions- oder einem technischen System.
- Steigerung der Durchgängigkeit der technischen Unterstützung innerhalb der Produktentstehungskette. Dieser Punkt adressiert die Integrationsbestrebungen über mehrere Unternehmensebenen und somit auch über verschiedene Simulationsapplikationen mit unterschiedlich hohem Detaillierungsgrad hinweg.
- Minimierung des Aufwandes für die Einrichtung und den Betrieb von Simulationssystemen. Hierbei geht es z. B. um die Steigerung des Automatisierungsgrades der technischen Unterstützung, oder die weitgehende Verringerung der Komplexität solcher Anwendungen. Letztgenannter Punkt ist besonders vor dem Hintergrund der notwendigen Anwenderschulung und der Qualifikation der Bediener ein wichtiger Aspekt.

Die im Zusammenhang mit der Virtualisierung von Produktionssystemen zu behandelnden Forschungsansätze haben somit vorrangig einen strukturierenden und erklärenden Charakter. Die integrative Forschung muss sowohl die organisatorischen als auch die technischen Teilaspekte eines Unternehmens mit Hilfe neuer, vernetzter Simulationsmethoden abbilden und so zu einer wirkungsvollen Unterstützung des Unternehmens beitragen.

Aus organisatorischer Sicht besteht in der durchgängigen Planung von Produktionsanlagen auf Basis computergestützter Methoden noch erhebliches Verbesserungspotential. Die in diesen Bereichen vorliegenden Softwarewerkzeuge sind in der Regel Eigenentwicklungen, welche nicht universell einsetzbar und nur in begrenztem Umfang erweiterbar sind. Deren flexible Verknüpfung über Standardschnittstellen konzentriert sich bislang vornehmlich auf die Werkzeugebene und vernachlässigt die Abstimmungsprobleme im eigentlichen Planungsprozess. Im Exzellenzcluster wird aus diesem Grund ein ganzheitlicher Ansatz mit Fokus auf die Effizienz im Planungsprozess entwickelt, um die Planungs- und Reihenfolgeabhängigkeiten sowie die Abstimmungs- und Schnittstellenprobleme besser beherrschen zu können.

Die Problematik der Entwicklung übergreifender Simulationsansätze betrifft jedoch nicht nur planerische Tätigkeiten. Auch in den Werkstoffwissenschaften und in der Anlagensimulation ist die Zusammenführung verschiedenster Modelle und Simulationssysteme notwendig, um die nächst höhere Stufe in der Simulationsqualität zu erreichen. Nicht zu vergessen ist hier allerdings, dass in den Einzeldisziplinen der Simulationstechnik ebenfalls noch beträchtliche Anstrengungen notwendig sind, um die Simulationsqualität weiter zu steigern. Im Bereich der Werkstoffwissenschaften werden im Exzellenzcluster die Eigenschaften und die Eigenschaftsänderungen, welche ein Werkstoff auf mikroskopischer Ebene während der kompletten Fertigungskette erfährt, ganzheitlich abgebildet. Auf Basis der so ermittelten Mikrostruktur erfolgt dann als nächster Schritt die Transformation der Mikrostruktur auf die makroskopischen Bauteileigenschaften. Diese Forschungsarbeiten stellen somit einen elementaren Schritt zur ganzheitlichen Simulation dar.

Diese ganzheitliche Sichtweise ist auch im Bereich der Anlagen- und Prozesssimulation unumgänglich. Das Einfahren neuer Prozesse, besonders bei der Produktion komplexer Werkstücke, erfordert häufig ein zeitintensives iteratives Vorgehen, bis der Serienbetriebspunkt erreicht wird. Durch die technischen Randbedingungen einer Maschine wird die Prozessoptimierung dabei teilweise nachteilig beeinträchtigt und mit unter Umständen nicht zufriedenstellenden Ergebnissen abgeschlossen. Im Exzellenzcluster wird eine Lösung für die beschriebene Problematik entwickelt. Hierfür wird eine durchgängige Kette aus bestehenden Simulationssystemen geschaffen, deren Berechnungsergebnisse miteinander gekoppelt werden. Auf diese Weise werden nicht nur Einflüsse der Steuerungstechnik, des dynamischen Maschinenverhaltens und des Prozesses erfasst, sondern auch deren Wechselwirkungen untereinander simuliert und in die Optimierung mit einbezogen. Diese virtuelle Kette kann dann als virtuelles Fertigungssystem den Fertigungsprozess geschlossen darstellen und so zu seiner ganzheitlichen Optimierung dienen, siehe Bild 8.

Bild 8: Virtuelles Fertigungssystem, Quelle: WZL/Fraunhofer IPT

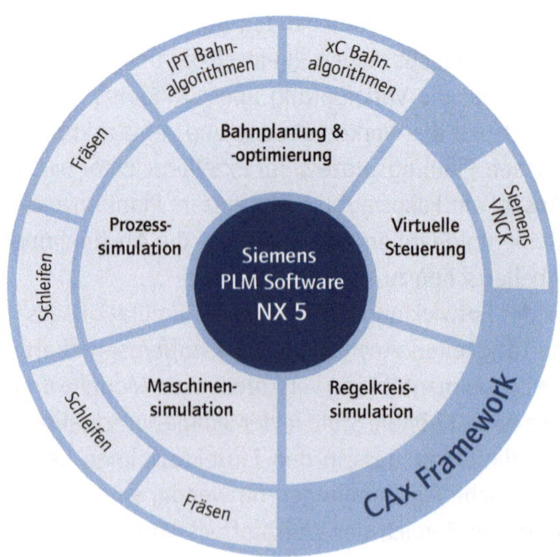

2.3 HYBRIDISIERUNG DER PRODUKTION

Während die virtuelle Produktentstehungskette große Gestaltungsfreiräume bietet, ist die reale Produktentstehungskette durch wesentlich mehr Randbedingungen gekennzeichnet, die nicht oder nur ansatzweise beeinflussbar sind. Die Realisierung des aus logistischer Sicht optimalen One-piece-flow bei gleichzeitiger Steigerung von Flexibilität und Produktivität sowie des Verschiebens der Grenze des technologisch Machbaren müssen in zukünftigen Forschungsansätzen gleichermaßen betrachtet werden. Die Hybridisierung von Produktionsprozessen ist dabei ein viel versprechender Ansatz, der es in vielen Fällen ermöglicht, in allen genannten Zielrichtungen gleichermaßen Potentiale zu erschließen.

Für den Begriff der „Hybridisierung" im Kontext eines Produktionssystems liegen prinzipiell unterschiedliche Definitionen vor. So kann unter „Hybridität"

- die integrierte Kombination von üblicherweise getrennten Prozessschritten um anforderungsgerechte Bauteile aus verschiedenen Materialien herzustellen (z. B. Gießen von integrierten Kunststoff-Metall-Bauteilen),
- die integrierte Anwendung oder Kombination unterschiedlicher physikalischer Wirkmechanismen (z. B. laserunterstützte Zerspanung) oder
- die Durchführung unterschiedlicher Operationsklassen in einer integrierten Maschine (z. B. autonome Bearbeitungszelle zur Fertigung und Reparatur von Presswerkzeugen: Zerspanung, Messen, Auftragsschweißen in einer Maschine mit integrierter CAM-NC-Mess-Kette) verstanden werden.

Die integrierte Kombination von klassischerweise getrennten Prozessschritten führt in der Regel zur signifikanten Verkürzung von Prozesszeiten und damit zu einer Verkürzung technologischer Prozessketten. Einschränkungen bei der Bearbeitung anspruchsvoller Bauteile und Werkstoffe können so ebenfalls aufgehoben werden, was den Hochtechnologie-Standort weiter stärkt. Anwendungsgebiete für solche hoch-integrierten Prozesse und Maschinen sind insbesondere der Werkzeug- und Formenbau, die Herstellung medizinischer Implantate, Turbinenbauteile sowie Teile aus der Uhrenindustrie.

Im Rahmen des Exzellenzclusters wird deshalb ein Fräsbearbeitungszentrum mit einem Roboter und einem Lasersystem kombiniert und so in eine Multitechnologie Plattform überführt, siehe Bild 9. Der Hauptprozess der 5-achsigen Fräsbearbeitung wird mit Laserprozessen ergänzt. Hierzu werden spezielle Laserbearbeitungsköpfe entwickelt, welche drahtbasiertes Auftragsschweißen, Härten und Abtragen mit einem Faserlaser und Laserstrukturieren mit einem Kurzpulslaser in Kombination mit einer Scaneinheit realisieren. Da Roboter und Bearbeitungszentrum bei der 5-achsigen Bearbeitung an ein und demselben Werkstück agieren können, ist die hochgenaue Synchronisation der Bewegungen beider Partner eine elementare Voraussetzung für das erfolgreiche Zusammenspiel. Gegenstand der Forschungsarbeit ist somit die unumgängliche hoch getaktete Verschaltung der bisher weitgehend autonomen Steuerungseinheiten von Maschine und Roboter. Auch die Steuerung des Lasers muss in diesen neuen Steuerungsverbund integriert werden, so dass hier neue Wege zu einer ganzheitlichen Steuerung gegangen werden. Zur Kompensation der durch die Hybridisierung gesteigerten Komplexität in der Arbeitsvorbereitung und zur vollen Potentialausschöpfung des Bearbeitungsverbundes, wird zudem die vollständige Integration aller Bearbeitungskomponenten in ein CAM-System erforscht.

Bild 9: Hybridisierung eines Bearbeitungszentrums, Quelle: WZL/Fraunhofer IPT

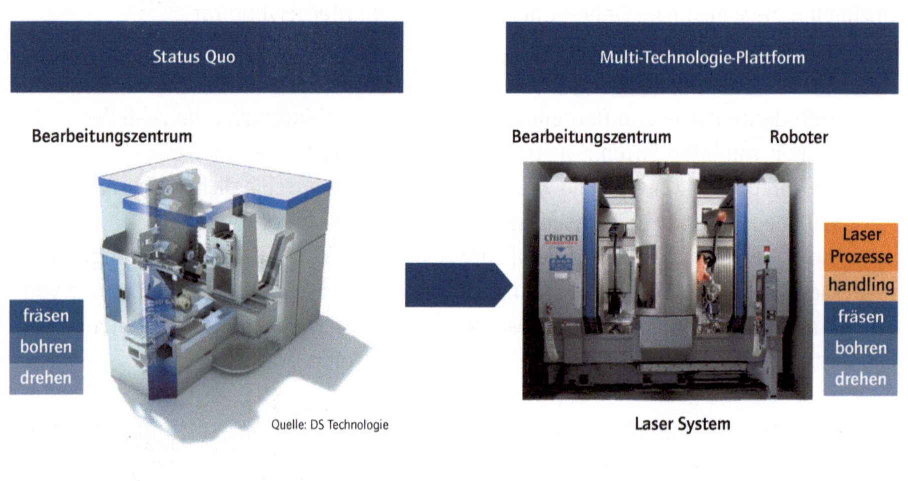

Neben der Verkürzung der technologischen Prozessketten führt Hybridisierung zur „lokalen" Realisierung des One-Piece-Flow. Wie bereits gezeigt, birgt dies jedoch den Nachteil der gesteigerten Komplexität der hybriden Maschine bzw. des hybriden Prozesses. Die wirtschaftlichen Risiken der Hybridisierung von Produktionsprozessen manifestieren sich daher in der Planungswirtschaftlichkeit, indem durch gestiegene Aufwände auf der nicht-wertschöpfenden Seite die oben genannten positiven Effekte relativiert werden. Daher müssen planungsseitig integrierte Ansätze zur Gestaltung der hybriden Prozesse in konkreten Anwendungsfällen gefunden werden. Gelingt dies, so trägt die Hybridisierung zur Auflösung des Polylemmas der Produktion in Hochlohnländern bei.

Das oben erläuterte Beispiel stellt nur einen Ausschnitt der Themen dar, die unter dem Begriff „Hybride Produktionssysteme" im Exzellenzcluster untersucht werden. So werden z. B. im Bereich der Blechumformung Möglichkeiten zur Produktivitätssteigerung inkrementeller, also hoch individueller Fertigungsverfahren, untersucht. Lösungsansatz ist hier der Einsatz unterschiedlicher werkzeugnaher Erwärmungsstrategien des Werkstoffs, so dass die Kräfte während der Bearbeitung verringert und somit die Geschwindigkeit des Prozesses gesteigert werden kann.

2.4 SELBSTOPTIMIERUNG IN DER PRODUKTION

Die Selbstoptimierung eines Produktionssystems ist die vierte Herausforderung, die zu einer gesteigerten Integrativität der Produktionstechnik in Deutschland und einem effizienteren Einsatz der Produktionsfaktoren führt. Nicht nur Geschäfts- oder Produktionsprozesse, sondern auch gesamte Produktionssysteme basieren häufig auf Hypothesen, die nur zu einer abschnittsweisen Betrachtung einer Wertschöpfungskette oder zu dezidierten technologischen Interaktionen führen. Wechselwirkungen zwischen Prozessen, Materialien, Produktionsmitteln und dem Menschen sowie der Effekt auf das Produkt sind in der Regel nicht vollständig bekannt. Eine Aussage über die Auswirkung von Veränderungen auf die gesamte Wertschöpfung ist nicht möglich. Stets stehen auf Grund der schwierigen ganzheitlichen Betrachtung nur einzelne Elemente eines Systems im Fokus der Optimierung. Die bestehenden Möglichkeiten zur Optimierung des Verhaltens eines Elements des Gesamtsystems können jedoch zu sehr in den Fokus geraten und Ressourcen binden, obwohl sich dadurch in bestimmten Situationen ein nachteiliges Verhalten in anderen Bereichen ergibt.

Die Auflösung dieses Konfliktes ist jedoch dann möglich, wenn ein System so gestaltet wird, dass es seine Ziele situationsabhängig anpasst. Während in den meisten Fällen die Optimierung eines Systems von außen, z. B. durch einen Menschen, gesteuert wird, ist in vielen Fällen die Optimierung durch das technische System selbst eine interessante Option. Die Entwicklungen in der Automatisierungstechnik zeigen allerdings, dass bereits bei vergleichsweise einfachen Sachverhalten dies heute noch nicht erreicht ist. In vielen Fällen kommt deswegen dem Menschen immer noch eine wichtige Rolle zu. Die Implementierung selbstoptimierender Fähigkeiten stellt allerdings eine wesentliche Möglichkeit zur Verfügung, das Spannungsfeld der Planungswirtschaftlichkeit zu reduzieren.

Ausgehend von einem klassischen Regelkreis kann der Aspekt eines selbstoptimierenden Systems erläutert werden. Der Regelkreis steuert das Systemverhalten anhand von extern vorgegebenen Zielparametern. Überwacht dieser Regelkreis nicht nur den Sollzustand des Zielparameters, sondern passt gleichzeitig Reglerparameter an die beobachteten Änderungen an, wird von einem adaptiven System gesprochen [ILM92]. Der Aspekt der Selbstoptimierung legt nun den Fokus auf die Dynamisierung des Zielsystems. Ein selbstoptimierendes System ist somit in der Lage, das eigene Zielsystem selbstständig auf Basis intern getroffener Entscheidung anzupassen. Es definiert also situationsorientiert sein eigenes neues Ziel und versucht nicht ausschließlich, extern vorgegebene Ziele durch klassische Regelung oder Anpassung der Regelparameter einzuhalten.

Die Umsetzungsmöglichkeiten selbstoptimierender Systeme in der Produktionstechnik sind vielfältig. Prädestiniert hierfür sind Montageaufgaben, welche aufgrund der Anforderung des One-Piece-Flow bzw. aufgrund nicht eindeutig beschriebener Wirkzusammenhänge bisher nicht automatisiert werden können. Letztgenannter Aspekt liegt zum Beispiel bei der Herstellung von Lasersystemen vor, deren Produktion einen hohen Anteil manueller Arbeit beinhaltet und deren Qualität maßgeblich durch das Erfahrungswissen der Werker bestimmt wird. Am Beispiel eines miniaturisierten Festkörperlasersystems werden im Exzellenzcluster die Möglichkeiten der selbstopimierenden Montage erarbeitet. Hier spielen Aspekte der montagegerechten Konstruktion ebenso eine Rolle wie die Entwicklung neuer Fügetechnologien und die Realisierung des Montagesystems mit allen notwendigen Freiheitsgraden auf Mikro- und Makroskala.

Besondere Herausforderung bei der Konzeption dieser flexiblen Montagezelle ist die Realisierung des effektiven Zusammenspiels der verschiedenen Robotersysteme zum Fügen, Montieren und Überwachen. Darüber hinaus schafft die ungünstige Plan- und Prognostizierbarkeit der spezifischen Herausforderungen – bedingt durch die unbekannten spezifischen Eigenschaften der optischen Komponenten – ein weites Einsatzgebiet für den Einsatz selbstoptimierender Montagevorgänge. Die Befähigung der Montagezelle zur dynamischen Systemanpassungen dient der Untersuchung der Frage, inwiefern Selbstoptimierung zur Steigerung von Effizienz und Wirtschaftlichkeit einer automatisierten Montage beitragen kann.

Im Zusammenhang mit selbstoptimierenden Systemen wird oft der Begriff der Kognition genannt. Kognitive Syteme sind lernende Systeme, welche an das Lernverhalten des menschlichen Gehirns angelehnt sind. Die Herausforderung eines „intelligenten" Produktionssystems kann daher nicht ohne die Betrachtung von einfach definierter Kognition in technischen Systemen einhergehen. Kognition lässt sich als Prozess der Informationsverarbeitung verstehen, in dem Daten aufgenommen, zu Informationen verarbeitet und selbstständig problemorientiert angewendet werden [NS76]. Bei der Realisierung von technischen, kognitiven Systemen ist es daher nötig, gegenüber einfachen Systemen auf starre Sensor-Aktor-Ketten zu verzichten um so die Lernfähigkeit zu gewährleisten. Das kognitive System unterscheidet sich somit elementar von einem nicht lernfähigen, nur reaktiven System, siehe Bild 10.

Bild 10: Modell eines selbstoptimierenden Systems, Quelle: WZL/Fraunhofer IPT

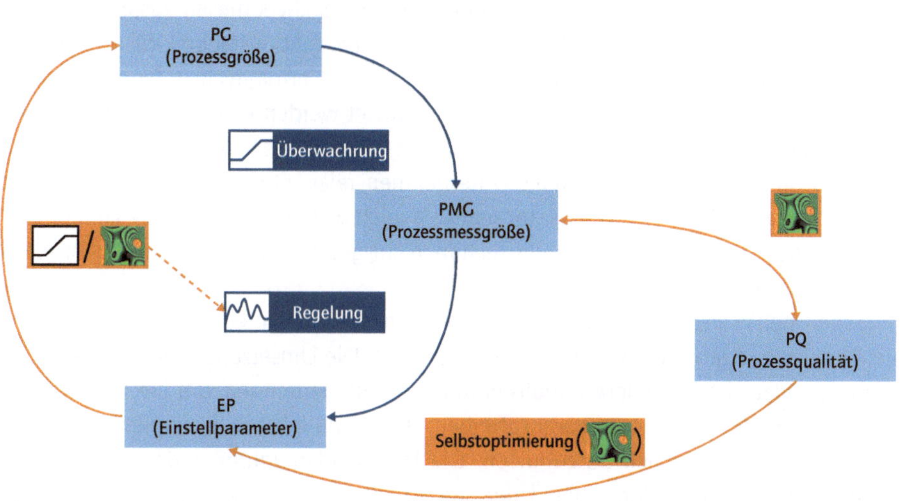

Der zentrale Ansatz besteht in der Trennung von Wissen, das die verschiedenen Objekte und Problemstellungen einer spezifischen Domäne widerspiegelt, und allgemeiner Verarbeitungskompetenz, die von der Steuerung zur Verfügung gestellt wird. Hierzu werden im Exzellenzcluster verschiedene Modellierungsansätze und Verfahren aus der künstlichen Intelligenz untersucht. Ziel ist es, im Montageprozess Planungsvorgaben zu erzeugen. Zur Aggregation von Umweltinformationen und zur situationsgerechten, koordinierten Plandurchführung wird eine Integration flexibler Sensor-Aktor-Module angestrebt.

Da die Ablaufplanung der Montage durch das kognitive System erfolgt, müssen dem Bediener einerseits situationsrelevante Informationen bereitgestellt werden, um das System zu überwachen und ggf. einen gezielten Systemeingriff durchführen zu können. Andererseits verhält sich das autonome System nicht immer antizipierbar. Der Mensch muss gezielt unterstützt werden, um ein mentales Modell der Systemdynamik zu entwickeln und die Systembedienung erlernen zu können.

Die Entwicklung und Realisierung kognitiver Systeme befindet sich zur Zeit noch in den Anfängen und es bedarf hier noch grundlegender Forschungsaktivitäten. Jedoch stellt die Thematik der Selbstoptimierung ein so großes Potential zur Auflösung des produktionstechnischen Polylemmas dar, dass dieser Aspekt eine hohe Relevanz für die Forschung darstellt.

3 FAZIT UND AUSBLICK

Der vorliegende Beitrag fasst die grundlegenden Lösungshypothesen zusammen, mit denen im Rahmen des Exzellenzclusters „Integrative Produktionstechnik für Hochlohnländer" die Fragestellung nach einer nachhaltigen und erfolgreichen Produktion an Standorten mit einem hohen Lohngefüge beantwortet werden kann. Im Rahmen einer zielgerichteten produktionstechnischen Forschung muss hierbei die ganzheitliche Betrachtung der für ein produzierendes Unternehmen relevanten Rahmenbedingungen erfolgen. Diese sind sowohl organisatorischer als auch technischer Natur. Sie können im Rahmen einer integrativen Produktionstechnik nicht getrennt werden, sondern müssen allumfassend betrachtet werden.

Schon heute zeigen die Forschungsergebnisse, dass die integrative Betrachtungs- und Arbeitsweise großes Zukunftspotenzial aufweist. Die Umsetzung eines solchen Forschungsansatzes ist mit einem Initialisierungsaufwand verbunden, um die Vernetzung der unterschiedlichen Akteure voranzutreiben, darauf aufbauend Synergien zu identifizieren und vollumfänglich auszunutzen. Die kommenden Jahre werden somit noch stärker als bisher unter dem Thema der strategischen und strukturellen Ausrichtung der Aachener Werkstoff- und Produktionsforschung stehen: mit der Exzellenzinitiative werden beispielweise die Weichen für ein Forschungsprogramm bis 2017 gestellt. Dabei wird die Forschungsarbeit von dem bereits erfolgten Initiierungsaufwand profitieren. Das im Rahmen des bestehenden Exzellenzclusters definierte Forschungsprogramm zu den Schwerpunkten der Individualisierung, Virtualisierung, Hybridisierung und Selbstoptimierung der Produktion bildet dabei einen Handlungsrahmen, um den integrativen Forschungsansatz weiter in der Produktionstechnik zu verankern.

Die Autoren danken der Deutschen Forschungsgemeinschaft für die Förderung der beschriebenen Arbeiten im Rahmen des Exzellenzclusters „Integrative Produktionstechnik für Hochlohnländer".

LITERATUR

[AKN06] Abele, E.; Kluge, J; Näher, U. (Hrsg.): Handbuch Globale Produktion. Hanser, München, Wien, 2006

[Bul07] Bullinger, H.: Vorsprung schaffen – Vorteile sichern – Innovationskraft und Erneuerungsbereitschaft für eine intelligente Produktion in Deutschland. VDMA-Kongress „Intelligenter Produzieren", Stuttgart, 2007

[BCLF05] Chung, S.; Byrd, T.; Lewis B.; Ford, N.: An Empirical Study of the Relationships between IT Infrastructure Flexibility, Mass Customization and Business Performance. The database for Advances in Information Systems 36 (2005), Nr. 3, S. 26-44

[DIHK10] Deutsche Industrie und Handelskammer (Hrsg.): Auslandsinvestitionen in der Industrie. Ergebnisse der DIHK-Umfrage bei den Industrie- und Handelskammern, Berlin, Brüssel, DIHK, 2010

[EU04] Europäische Kommision (Hrsg.): Manufuture – A Vision for 2020 – Assuring the Future of Manufacturing in Europe. Brüssel, Europäische Kommission, 2004

[ILM92] Isermann, R.; Lachmann, K.-H.; Matko, D.: Adaptive Control Systems. Herfordshire, Prentice Hall, 1992

[KLM04] Kinkel, S.; Lay, G.; Maloca, S.: Produktionsverlagerungen ins Ausland und Rückverlagerungen. Ergebnisse aus der Erhebung „Innovationen in der Produktion" des Fraunhofer Instituts Systemtechnik und Innovationsforschung, Karlsruhe, Fraunhofer ISI, 2004

[Lau05] Lau, A.: Going International – Erfolgsfaktoren im Auslandsgeschäft. DIHK, Berlin, 2005

[Lay98] Lay, G.: Dienstleistungen in der Investitionsgüterindustrie – Der weite Weg vom Sachguthersteller zum Problemlöser. Mitteilungen aus der Produktionsinnovationserhebung Nr. 9. Karlsruhe, Frauenhofer ISI, 1998

[NS76] Newell, A.; Simon, H.A.: Computer Science as Empirical Enquiry – Symbols and Search. Communications of the ACM 3 (19), S.113-126

[RP03] Rogoll T.; Piller F.: Marktstudie 2003 – Konfigurationssysteme für Mass Customization und Variantenproduktion – Strategie, Erfolgsfaktoren und Technologie von Systemen zur Kundenintegration. Think Consult, München, 2.Auflage, 2003

[RT05] Rose, G.; Treiver, V.: Offshoring of R&D – Examination of Germany's Attractiveness as a Place to Conduct Research. DIHK, Berlin, 2005

[SG06] Schoder, D.; Grasmugg, S.: Mass Customization – Definition und Charakteristika. WHU, Koblenz, 2006

[Sta07] Statistisches Bundesamt (Hrsg.): Bevölkerung und Erwerbstätigkeit – Struktur der sozialversicherungspflichtigen Beschäftigen. Statistisches Bundesamt, Fachserie 1, Reihe 4.2.1. Stand: 31. Dezember 2006, Wiesbaden, 2007

[Tse03] Tseng, M.: Industry Development Perspectives – Global Distribution of Work and Market. CIRP 53rd General Assembly, Montreal, 2003

[VDMA07] Verband deutscher Maschinen- und Anlagenbauer (Hrsg.): Effizient, schnell und erfolgreich – Strategien im Maschinen- und Anlagenbau. VDMA, Frankfurt am Main, 2007.

> GESTALTUNG GLOBALER PRODUKTIONSSTRATEGIEN

BERND C. SCHMIDT

MANAGEMENT SUMMARY

Die Gestaltung globaler Wertschöpfungsnetzwerke ist nach der Überwindung der Wirtschaftskrise einerseits von immer größerer Bedeutung für die Wettbewerbsfähigkeit von Unternehmen auf dem Weltmarkt und stellt andererseits eine immer größere Herausforderung dar. Die hier vorgestellten Erkenntnisse und Methoden wurden von der Unternehmensberatung A.T. Kearney in einer Reihe von Beratungsprojekten entwickelt und validiert.

„Die globale Produktion ist aus dem Gleichgewicht". Grund für diese These sind vor allem globale Megatrends, die die Anpassung globaler Wertschöpfungsnetzwerke treiben: Die Absatzmärkte für viele Produkte haben sich massiv in Richtung der sich entwickelnden Volkswirtschaften verschoben. Die Unterschiede in den Lohnkosten sind nach wie vor signifikant. In den BRIC Ländern hat sich eine leistungsfähige Zulieferindustrie entwickelt. In vielen wichtigen Industrien haben sich neue globale Champions gebildet, die die Machtzentren in der Industrie verschieben. In vielen traditionellen Industrieländern sinkt die Verfügbarkeit von technischem Talent.

Als Folge davon sehen viele Unternehmen, dass die Wertströme zwischen den Regionen nicht mehr im Gleichgewicht sind. Sie müssen ein nachhaltig wettbewerbsfähiges Produktionsnetzwerk definieren und realisieren. Dabei geht es weniger um Kostenreduzierung als um die richtige Aufstellung für die Zukunft und die Vermeidung von Fehlinvestitionen.

A.T. Kearney hat eine Vorgehensweise zur Ableitung und Bewertung von Wertschöpfungsnetzwerken entwickelt. Der wesentliche Schritt ist die Ableitung der relevanten Netzwerk-Szenarien. Es hat sich bewährt, die Bestimmung der relevanten Netzwerk-Szenarien entsprechend den wesentlichen Gestaltungsfaktoren zu gliedern. Jede Ableitung operativer Strategien muss mit einem Verständnis der Märkte und der Produkte beginnen. Dabei werden als Erstes die Dimensionen Markt- bzw. Kundenanforderungen und Produkt- bzw. Prozessreife untersucht. Die zweite Schlüsselanalyse betrifft das Verhältnis von Faktorkostenvorteilen zu Transportkosten. Für die wichtigsten Prozesse werden der Effekt von „Kritische Massen"-Technologien und Skaleneffekte ermittelt. Für potentielle Standorte wird die Verfügbarkeit und Leistungsfähigkeit der lokalen Lieferantenmärkte bewertet. Daneben wird eine Projektion der wesentlichen makroökonomischen Faktoren für 5 bis 10 Jahre in die Zukunft benötigt. Die abgeleiteten, relevanten Szenarien werden anschließend in Hinblick auf die wirtschaftlichen Effekte durchgerechnet und Sensitivitätsanalysen unterzogen. Eine qualitative Bewertung erfolgt hinsichtlich Umsetzbarkeit, Risiken, Wandlungsfähigkeit und Erfüllung der Unternehmensziele.

Für den Standort Deutschland bedeutet die Umgestaltung eines Wertschöpfungsnetzwerkes häufig einen Abbau von Beschäftigung. Das Verständnis der Gestaltungsfaktoren ermöglicht aber auch, die industrielle Basis und Beschäftigung in Deutschland gezielt zu stärken. Wichtige Gestaltungsmöglichkeiten sind Stärkung der Innovationskraft, Steigerung der Produktivität, Ausbauen von Know-how und der Fertigkeiten in moderner Produktionstechnologie, Sicherung leistungsfähiger Zulieferindustrien und eine energische Bekämpfung von Wettbewerbsverzerrungen bei grundsätzlich offenem Güterverkehr. Zusammenfassend hat die deutsche Industrie bisher von der Globalisierung und Öffnung der Märkte seit den 1990er Jahren insgesamt stark profitiert und ihre Wettbewerbsfähigkeit gegenüber anderen Industrieländern verbessert.

1 EINLEITUNG

Die wirtschaftliche Globalisierung hat nach der Wirtschaftskrise wieder an Macht und Geschwindigkeit zugenommen. Die Gestaltung globaler Wertschöpfungsnetzwerke ist dadurch einerseits von immer größerer Bedeutung für die nachhaltige Wettbewerbsfähigkeit von Unternehmen auf dem Weltmarkt und stellt andererseits eine immer größere Herausforderung für das Management dar. Dazu wird jede Veränderung in der Wertschöpfungsstrategie (Verlagerung, Outsourcing etc.) vom Nicht-Fachmann oft als „willkürlich" stigmatisiert. Die Aufgabe des Ingenieurs ist es, unter gegebenen Randbedingungen stets das möglichst leistungsfähigste System zu realisieren. Das gilt für einzelne Maschinen und das gilt genauso für die Ableitung und Bewertung von globalen Wertschöpfungsnetzwerken, für die es ebenfalls eine klare Logik gibt. Aus dem Verständnis der Treiber und der Gestaltungslogik kann man eine Reihe von Thesen ableiten, wie im Umfeld der Globalisierung die industrielle Basis und Beschäftigung in Deutschland gestärkt werden kann.

Die hier vorgestellten Erkenntnisse und Methoden wurden von A.T. Kearney in einer Reihe von Beratungsprojekten für angesehene Adressen der deutschen Industrie entwickelt und validiert. A.T. Kearney ist eine weltweit agierende Managementberatungsgesellschaft mit mehr als 50 Niederlassungen in mehr als 35 Ländern. In diesen Beitrag sind auch das Know-how von Kollegen mit Arbeitsschwerpunkten in BRIC-Ländern sowie die Erkenntnisse aus Benchmark-Studien und aus A.T. Kearney's Global Business Policy Council eingeflossen.

2 GLOBALISIERUNG ALS HERAUSFORDERUNG UND CHANCE FÜR ETABLIERTE INDUSTRIEN

„Die globale Produktion ist aus dem Gleichgewicht". Grund für diese These sind eine Reihe von globalen Megatrends, die der Globalisierung der industriellen Wertschöpfung Macht und Geschwindigkeit verleihen (Bild 1).

Bild 1: Megatrends und Treiber für die Gestaltung globaler Wertschöpfungsnetzwerke

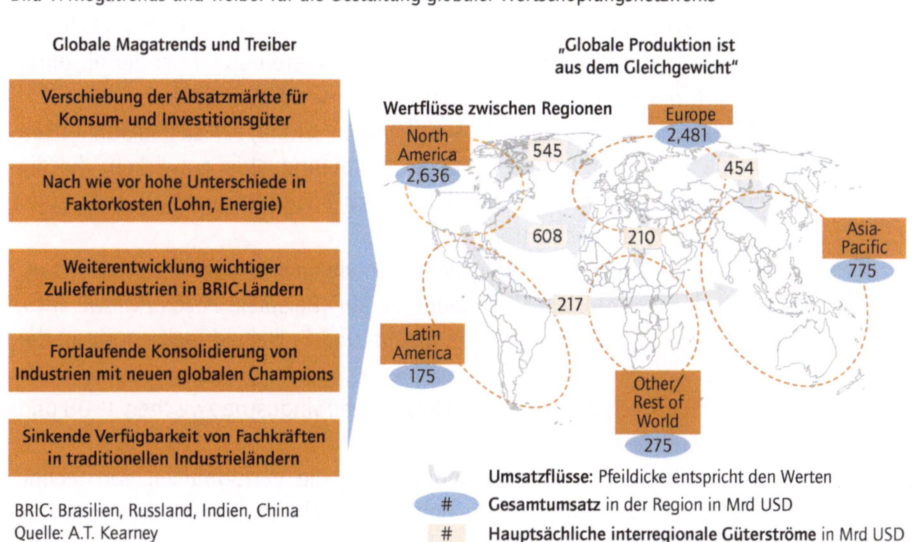

Fünf wesentliche Megatrends treiben die Notwendigkeit für die Anpassung globaler Wertschöpfungsnetzwerke:

1) Die Absatzmärkte für viele Produkte haben sich massiv verschoben, von den entwickelten Industriestaaten hin zu den sich entwickelnden Volkswirtschaften. Dies gilt für Konsumgüter genauso wie für Investitionsgüter. Treiber dieser Entwicklung sind einerseits der steigende Wohlstand einer zahlenmäßig stark wachsenden Mittelschicht und andererseits die massiven Investitionen in Infrastruktur. Dies stellt erhebliche Wachstumschancen für die etablierten Industriestaaten dar, welche die angestammten Märkte aufgrund der Demographie und der Situation der öffentlichen Haushalte heute nicht mehr bieten.

2) Es gibt nach wie vor signifikante Unterschiede in den Lohnkosten. Die fast zeitgleich in den frühen 90er Jahren erfolgende Öffnung der Arbeitsmärkte durch den Mauerfall in den ehemaligen Ostblockstaaten, in Indien durch das Ende des sogenannten „Licence Raj" (Abschaffung des Monopolies and Restrictive Trade Practices (MRTP) Act im September 1991) und in China durch die kontinuierliche Öffnung des Wirtschaftssystems für ausländische Investitionen, hatte eine fast schockartige Wirkung auf die westlichen Arbeitsmärkte. Ein zusätzliches Potential von ca. 1,5 Mrd. Arbeitnehmern stand zu sehr günstigen Löhnen zur Verfügung. Zwar steigen die Lohnkosten in den sich entwickelnden Volkswirtschaften relativ deutlich stärker als in Westeuropa, aber der absolute Abstand in € pro Stunde hat sich noch nicht wesentlich verändert.

3) In den BRIC Ländern (Brasilien, Russland, Indien, China) hat sich in den letzten Jahren eine zunehmend leistungsfähige Zulieferindustrie entwickelt, die die Rahmenbedingungen für die Produktion auch hochwertiger Wirtschaftsgüter in diesen Ländern deutlich verbessert.

4) Es findet eine fortlaufende Konsolidierung in vielen wichtigen Industrien statt, wodurch sich neue globale Champions bilden (Beispiele ArcelorMittal, Tata, Huawei, Rio Tinto, etc.) und sich die Macht- und Entscheidungszentren in der Industrie verschieben. Bild 2 zeigt beispielhaft die Verschiebung bei den führenden Unternehmen der Stahl- und Nutzfahrzeugindustrie zwischen 1998 und 2009 zugunsten der BRIC-Länder.

5) In vielen traditionellen Industrieländern sinkt die Verfügbarkeit von technischem Talent. Das betrifft sowohl den Nachwuchs an Ingenieuren („Akademische Eliten") als auch an hochqualifizierten Technikern und Facharbeitern („Fertigkeitseliten"). Dies macht es für viele Unternehmen zunehmend schwierig, ausscheidende technische Fachkräfte an ihren Stammsitzen zu ersetzen oder gar zusätzliche Fachkräfte für Wachstumsfelder aufzubauen.

Bild 2: Top 10 Unternehmen der Stahl- und Nutzfahrzeugindustrie, 1998 und 2009

Stahlindustrie (in Mio. Tonnen Rohstahlproduktionen)

	1998				2009		
1	POSCO	25.6	KR	1	Arcelor Mittal	77.5	IN
2	Nippon Steel	25.1	JP	2	Baosteel Group	31.3	CN
3	Arbed	20.1	LU	3	POSCO	31.1	KR
4	Usinor	18.9	FR	4	Nippon Steel	26.5	JP
5	LNM	17.1	NL	5	JFE	25.8	JP
6	British Steel	16.3	UK	6	Jiangsu Shagang	20.5	CN
7	ThyssenKrupp	14.8	DE	7	Tata Steel	20.5	IN
8	Riva	13.3	IT	8	Ansteel	20.1	IN
9	NKK	11.5	JP	9	Severstal	16.7	RUS
10	USX	11.0	US	10	Evraz	15.3	RUS

XXX : Neuzugang in Top 10

Unternehmen aus BRIC Staaten

Quelle: http://www.worldsteel.org, IHS Automotive, A. T. Kearney

Fortsetzung Bild 2: Top 10 Unternehmen der Stahl- und Nutzfahrzeugindustrie, 1998 und 2009

LKW & Bus Industrie (produzierte Einheiten in 1000)

	1998				2009		
1	DaimlerChrysler	315	DE	1	Daimler	240	DE
2	Volvo	157	SE	2	Dongfeng	205	CN
3	Navistar	129	US	3	FAW	187	CN
4	GM	116	US	4	Toyota	184	JP
5	Dongfeng	103	CN	5	Tata	132	IN
6	FAW	96	CN	6	CNHTC	121	CN
7	Paccar	92	US	7	Volvo	101	SE
8	Ford	88	US	8	Beijing	94	CN
9	Fiat	79	IT	9	Isuzu	93	JP
10	Tata	58	IN	10	MAN	97	DE

XXX : Neuzugang in Top 10

Unternehmen aus BRIC Staaten

Quelle: http://www.worldsteel.org, IHS Automotive, A. T. Kearney

Als Folge davon sehen viele Unternehmen, die ihr Wertschöpfungsnetzwerk vorausschauend analysieren, dass die Wertströme zwischen den Regionen nicht mehr im Gleichgewicht sind und eine neue Balance gefunden werden muss. Um diese nachhaltige Wettbewerbsfähigkeit sicherzustellen, müssen Unternehmen unter sorgfältiger Berücksichtigung von Markt- und Produktanforderungen das „Best cost"-Produktionsnetzwerk definieren und realisieren. Um dabei mit Produktion in Westeuropa bestehen zu können, müssen sie darüber hinaus dort auch Spitzenleistungen in Produktivität und Innovation erbringen.

3 GESTALTUNGSLOGIK FÜR WERTSCHÖPFUNGSNETZWERKE

3.1 VERÄNDERTE AUFGABENSTELLUNG

Die Fragestellungen zur Gestaltung der globalen Netzwerke sind viel komplexer geworden. Nur noch in Ausnahmefällen geht es um die Frage nach der Schließung oder Verlagerung einer einzelnen Fabrik. Die typische Ausgangssituation sieht häufig wie folgt aus:

- Das Geschäftsumfeld verändert sich signifikant entweder hinsichtlich des Produktportfolios, einer regionalen Verschiebung der Absatzvolumen oder einer zunehmenden Unsicherheit des planbaren Absatzvolumens.
- Das Netzwerk von Produktions- und Entwicklungsstandorten ist unstrukturiert und durch eine Kombination von historisch oder opportunistisch entstandenen Standorten mit durch Akquisition erworbenen Standorten geprägt. In der Regel ist für diese Standorte keine sauber abgegrenzte und zukunftsorientierte Mission oder Strategie formuliert. Für viele ältere Standorte besteht darüber hinaus ein erheblicher Bedarf an Re-Investition in moderne Anlagen oder Gebäude.
- Ein mit der Geschäftsstrategie abgeglichener Rahmenplan für die Entwicklung des gesamten Standortnetzwerkes existiert nicht.

Die wesentliche Sorge gilt dabei weniger der Kostenreduzierung als der richtigen Aufstellung für die Zukunft und der Vermeidung von Fehlinvestitionen. Es besteht eine starke Notwendigkeit für eine differenzierte Betrachtung der verschiedenen Produktgruppen und Wertschöpfungsschritte. Die Chancen globaler Zuliefermärkte müssen genauso betrachtet werden, wie die Kosten, Risiken und Randbedingungen globaler Zulieferketten. Die Bewertung verschiedener Optionen muss dabei die Projektion makroökonomischer Rahmenbedingungen genauso berücksichtigen wie den Interessenausgleich zwischen den Sozialpartnern.

3.2 VORGEHENSWEISE UND LOGIK

A.T. Kearney hat über die Jahre eine Vorgehensweise in vier Schritten mit einer Logik zur Ableitung und Bewertung relevanter Szenarien entwickelt (Bild 3). Im ersten Schritt wird die Ausgangssituation ermittelt und dann abgestimmt. Anschließend werden im zweiten Schritt Gestaltungsrichtlinien und Bewertungskriterien unternehmensspezifisch diskutiert und festgelegt. Der wesentliche Schritt ist die anschließende Ableitung der relevanten Netzwerkszenarien, der im Folgenden genauer ausgeführt wird. Abschließend werden die Szenarien nach den festgelegten Richtlinien und Kriterien bewertet und ein erster grober Implementierungsplan erstellt.

Bild 3: Vorgehensweise und Analyselogik

Analyselogik

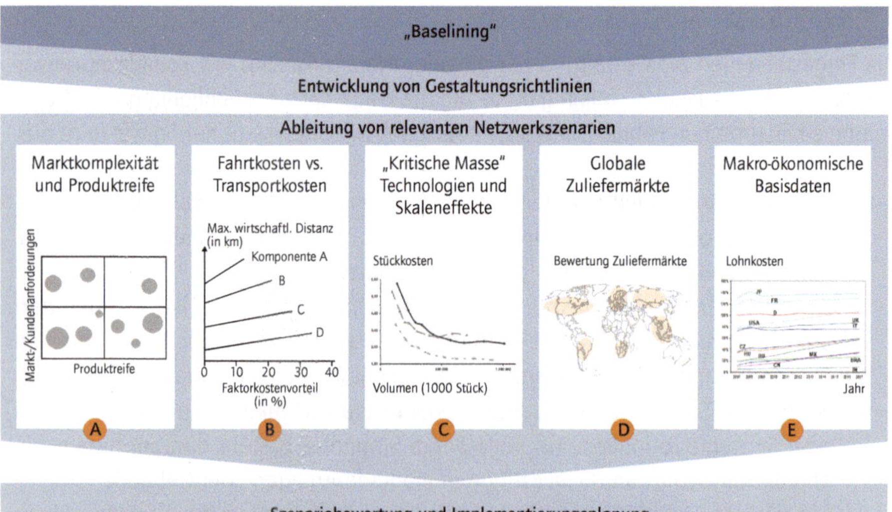

Quelle: A. T. Kearney

3.2.1 GESTALTUNGSRICHTLINIEN UND FABRIKTYPEN

Aus unserer Sicht ist es ein wichtiger und erfolgskritischer Schritt, frühzeitig mit dem Topmanagement sowohl ein gemeinsames Verständnis der Planungsdaten herzustellen, als auch die Einbettung der Produktionsstrategie in die Gesamtunternehmensstrategie zu diskutieren und daraus Gestaltungsrichtlinien und Bewertungskriterien abzuleiten. Ein mögliches Ergebnis ist, dass bisherige Annahmen bestätigt und formalisiert werden. Es kann aber auch sein, dass dabei erstmals bewusst neue Festlegungen für die Zukunft getroffen werden. Typische Diskussionspunkte sind

- angestrebte Standortgrößen,
- sinnvolle Standortkomplexität, d. h. Anzahl Produkte oder Technologien am Standort,
- typische Standortausrichtung nach Region, nach Produkt oder nach Technologie,
- Beziehung von Produktionsstandorten zu Entwicklung und Kunden,
- Fabrikbasistypen als Bausteine des Netzwerkes.

Die Fabrikbasistypen werden unterschieden in „Leitfabrik" oder „Leitwerk", „Server-Fabrik" und „Best Cost"- oder „Offshore-Fabrik", die jeweils unterschiedliche Rollen und Kompetenzprofile aufweisen.

Ein *Leitwerk* hat die Aufgabe, neue anspruchsvolle Produkte serienreif zu machen und die zugehörigen Produktionsprozesse kontinuierlich weiter zu entwickeln. Diese Rolle kann global oder regional ausgefüllt werden und im Prinzip sowohl in einem Hochlohnland als auch in einem Niedriglohnland angesiedelt werden. Typischerweise finden sich Leitwerke aber in etablierten Industrieregionen. Es wird ein hohes Produkt- und Prozess-Know-how benötigt. Die Serienentwicklung findet idealerweise in räumlicher Nähe statt.

Eine *Server-Fabrik* hat vor allem die Aufgabe, lokale oder regionale Märkte zu bedienen. Dies kann erforderlich werden aufgrund von Marktanforderungen (local content Bestimmungen), Kundenanforderungen (z. B. Just-in-Sequence-Anlieferung), Logistikkosten oder aufgrund sehr regionalspezifischer Produkte oder Materialien. Das Know-how-Profil umfasst in der Regel Applikationsentwicklung und Kundenservice.

Eine *Best Cost-Fabrik* oder *Offshore-Fabrik* hat die Aufgabe, durch Ausschöpfen von Faktorkostenvorteilen und durch eine effiziente Serienfertigung, Produkte zu minimal möglichen Kosten zu erzeugen. Dieser Fabrik-Typ ist in einem Standort angesiedelt, der entweder in der Region oder sogar im globalen Vergleich signifikante Faktorkostenvorteile bietet. Ausnahmen davon bestehen bei besonderen Standortfaktoren oder sehr kapitalintensiven, abgeschriebenen Anlagen. Das Know-how-Profil umfasst nur Prozessbeherrschung und Serienbetreuung.

An einem Standort können für verschiedene Produktgruppen auch Fabriken unterschiedlicher Basistypen nebeneinander existieren. Die Rolle für jeden Betriebsteil ist aber klar definiert.

3.2.2 ABLEITUNG VON RELEVANTEN NETZWERKSZENARIEN

Das kritische Element in der Vorgehensweise zur Entwicklung des richtigen Wertschöpfungsnetzwerkes ist nicht die Auswahl oder Konfiguration eines geeigneten Simulationstools, sondern die Bestimmung der relevanten Szenarien, die in dieses Tool eingespeist werden. Es hat sich bewährt, diese große und entscheidende analytische Aufgabe in fünf abgegrenzte Blöcke entsprechend den wesentlichen Gestaltungsfaktoren für Wertschöpfungsnetzwerke zu gliedern. Dies ermöglicht auch, die relevanten Experten gezielt in einzelne Analyseblöcke einzubinden, und klar herzuleiten, welche Szenarien relevant sind und welche nicht. In den meisten Fällen, in denen von einer „Rückverlagerung" gesprochen wird, sind diese Analysen vorher nicht systematisch durchgeführt worden. Es handelt sich um Produkte oder Prozesse, die bei sorgfältiger Überlegung nicht hätten verlagert werden dürfen.

Marktkomplexität und Produktreife

Jede Ableitung operativer Strategien muss mit einem Verständnis der Märkte und der Produkte beginnen. Dies wird in vielen traditionellen Ansätzen zur Netzwerkgestaltung vernachlässigt. Eine gewissenhafte Bewertung und ggf. Neugestaltung des Netzwerkes erfordert ein solides Verständnis der Marktcharakteristik und des Produktlebenszyklus. Dabei werden pro Produktgruppe die Dimensionen Markt- bzw. Kundenanforderungen und Produkt- bzw. Prozessreife untersucht (Bild 4).

Die Schlüsselfrage, die hinsichtlich Markt- bzw. Kundenanforderungen zu beantworten ist lautet: Wie stark sind lokalspezifische Anforderungen und wie eng ist die Kundenbeziehung? Wichtig ist dabei insbesondere die Rolle und der Einfluss des Kunden bei der Definition von Produkten. Dies bestimmt den Grad lokaler Nähe von Produktion und Entwicklung zum Kunden.

Die Schlüsselfrage hinsichtlich Produkt- bzw. Prozessreife ist: Wie reif ist das Produkt aus Produktionssicht und wie leicht kann es entfernt von einem Leitwerk produziert werden?

Dieser marktgetriebene Ansatz ermöglicht es, noch vor der Betrachtung von Faktorkosten oder Logistik pro Produktgruppe die grundsätzliche Sinnhaftigkeit der verschiedenen Fabrikbasistypen „Leitwerk", „Server-Fabrik" und „Offshore-Fabrik" zu bewerten.

Bild 4: Portfolio-Analyse nach Marktkomplexität und Produktreife

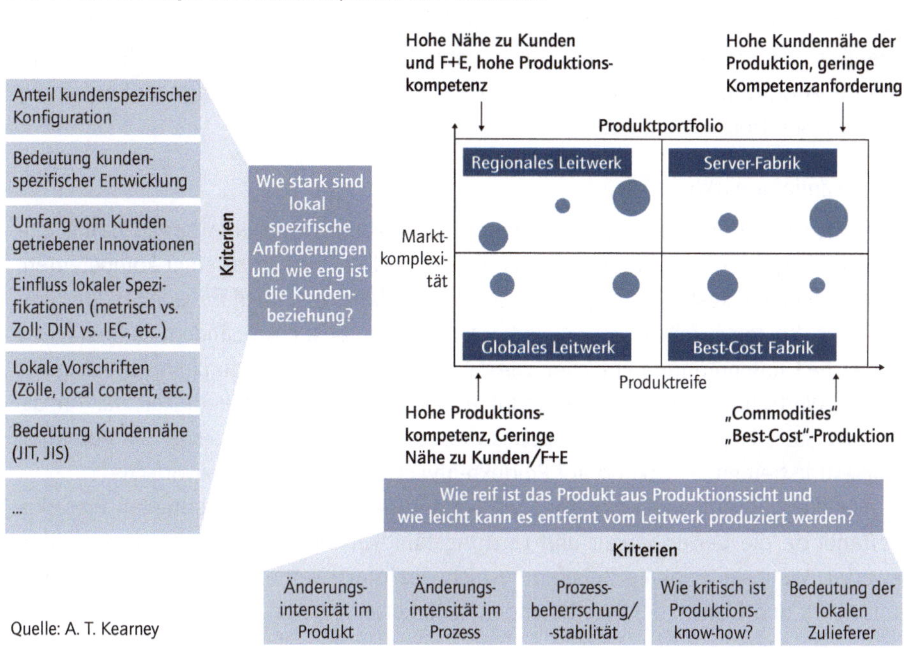

Quelle: A. T. Kearney

Faktorkostenvorteile und Transportaufwand

Dies umfasst die klassischen Fragen nach Arbeitsinhalt pro Produkt, Anzahl Produkte pro Palette und assoziierte Transportkosten. Die Schlüsselanalysen betreffen das Verhältnis von Faktorkostenvorteilen zu Transportkosten, die Sensitivität gegenüber dem Transportmodus (Land, See, Luft) und auch die Auswirkungen auf das gebundene Kapital. Typischerweise ergibt die Analyse eine klare Segmentierung von Produkten in solche, für die sich auch lange Transportwege lohnen (z. B. kleinvolumige Metallteile mit komplexer Zerspanung) und solche, die in der Region für die Region produziert werden sollten (z. B. großvolumige Gussteile mit geringen Bearbeitungsanteilen).

„Kritische Massen" -Technologien und Skaleneffekte

Für die wichtigsten Produktionsprozesse wird hier gemeinsam mit den Fertigungsfachleuten erarbeitet, welche alternativen Produktionsverfahren es gibt, ab welchen Stückzahlen bzw. Mengen diese wirtschaftlich sind und welche anderen Vorteile diese Verfahren bringen. Daraus ergeben sich die minimalen Volumen, die an Standorten gebündelt werden müssen, um wettbewerbsfähige Herstellkosten zu erzielen und die Größenordnung der zu erwartenden Skaleneffekte bei Vollauslastung verfügbarer Technologien.

Daraus ergeben sich wesentliche Einsichten zur Abwägung von zentraler gegenüber dezentraler Produktionsstrategie. In diesem Block wird auch die Wettbewerbsfähigkeit gegenüber Lieferanten bewertet, um strategische „Make-or-Buy"-Entscheidungen auf Basis der Abwägung von operativer Wettbewerbsfähigkeit und strategischer Bedeutung von Prozessen treffen zu können.

Globale Zuliefermärkte

Die Produktion ist heute durch eine hohe Spezialisierung und eine häufig damit einhergehende geringe Fertigungstiefe charakterisiert. Der Zugang zu einer kompetenten, zuverlässigen und kostengünstigen Zulieferbasis ist daher essentiell für jede Standortentscheidung. Kostenvorteile durch lokale Beschaffung in „best cost"-Ländern können leicht die gleiche Größenordnung erreichen wie die Faktorkostenvorteile durch Verlagerung der eigenen Wertschöpfung. Für viele Produkte muss dabei die Notwendigkeit der Anpassung der Stücklisten und Materialspezifikation untersucht werden, sowie die potentiell komplexitätstreibende Wirkung auf Produktentwicklung oder Ersatzteilwirtschaft.

Für die wesentlichen Vormaterialien werden daher für alle potentiellen Produktionsstandorte die Verfügbarkeit und Leistungsfähigkeit der lokalen Lieferantenmärkte bewertet. Wenn eine lokale Belieferung nicht realisiert werden kann, müssen die Gesamtkosten und Risiken der resultierenden Lieferkette bewertet werden.

Projektion makroökonomischer Rahmenbedingungen

Wertschöpfungsnetzwerke müssen heute wandlungsfähig sein und regelmäßig an veränderte Randbedingungen angepasst werden können. Die grundsätzliche Konzeption sollte aber für mehrere Jahre gültig sein, und kann daher nicht auf Basis einer aktuellen statischen Situation bewertet werden. Es wird eine Projektion nicht nur von Marktvolumen sondern auch der makroökonomischen Faktoren für 5 bis 10 Jahre in die Zukunft benötigt. So eine Projektion von Lohnkosten, Logistikkosten, Wechselkursen, Rohstoffkosten etc. ist schwierig und mit Unsicherheit behaftet, aber möglich. Auch eine Bewertung des allgemeinen Geschäftsrisikos in verschiedenen Ländern und der steuerlichen Aspekte ist erforderlich. Die Bewertung von möglichen Unterschieden in Qualitätsniveaus und Produktivität muss dabei unternehmensspezifisch diskutiert und festgelegt werden. Die notwendigen Daten liegen in Großkonzernen meist vor, oder können von großen Beratungsgesellschaften oder heute auch aus öffentlich zugänglichen Quellen beschafft werden.

3.2.3 SZENARIO-BEWERTUNG UND IMPLEMENTIERUNGSPLANUNG

Vor der quantitativen Bewertung werden die aus der Analyselogik abgeleiteten, relevanten Szenarien noch einmal gegen die zuvor definierten Gestaltungsrichtlinien gespiegelt und so auf einen Satz möglicher Szenarien eingeschränkt. Diesen Prozess zeigt Bild 5.

Diese Szenarien werden dann mit Hilfe eines Modellierungs- oder Simulationswerkzeuges hinsichtlich der wirtschaftlichen Effekte berechnet und ggf. iterativ weiter optimiert.

Übliche Elemente der quantitativen Bewertung sind jährlich wiederkehrende Kosten- oder Margenvorteile, Einmalkosten, sowie eine Amortisations- oder alternativ auch Netto-Barwert-Rechnung. Dabei erfolgt eine Projektion über mehrere Jahre in die Zukunft. In der Regel werden verschiedene Szenarien in Hinblick auf die wirtschaftlichen Effekte durchgerechnet und Sensitivitätsanalysen für die wichtigsten Steuergrößen (z. B. Absatzvolumen) und Einflussparameter (Lohnkosten, Transportkosten, Wechselkurse etc.) durchgeführt, um die Robustheit der empfohlenen Strategie zu bewerten. Eine kompetente Modellierung mit der richtigen Granularität ist dabei wichtig, die Wahl der Software ist dagegen eher nachrangig.

Eine qualitative Bewertung erfolgt hinsichtlich Umsetzbarkeit, Risiken, Wandlungsfähigkeit und oft auch hinsichtlich der Soll-Zielvorgaben aus den Gestaltungsrichtlinien. Die Umsetzung und die Planung der Umsetzung von Netzwerktransformationen ist ein separates Thema, das hier nicht behandelt wird.

Bild 5: Gestaltungsrichtlinien als qualitativer Filter für Szenarien

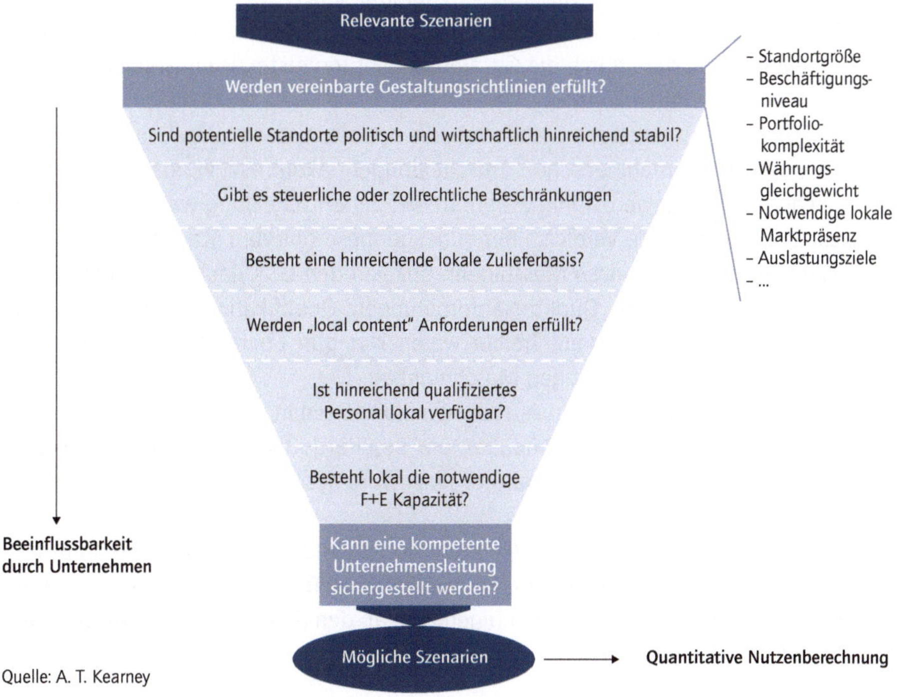

Quelle: A. T. Kearney

4 TYPISCHE ERGEBNISSE

Das wichtigste Ergebnis ist typischerweise ein Masterplan für die strategische Weiterentwicklung des Netzwerkes, zu dem Konsens im Management besteht. Darüber hinaus werden grundlegende Einsichten über wesentliche interne und externe Treiber für die Wettbewerbsfähigkeit gewonnen. Diese werden dann bewusst regelmäßig beobachtet und bewertet, um den strategischen Plan rechtzeitig und proaktiv anzupassen. Ein solcher Plan quantifiziert in der Regel auch Einsparungen, die meist in der Größenordnung von 10 bis 25% der Wertschöpfungskosten liegen. Die zugehörigen Einmalkosten betragen das 1,5 bis 3-fache der jährlichen Einsparungen. Dazu kommen die Sicherung der nachhaltigen Wettbewerbsfähigkeit, die Erschließung neuer Märkte und die Vermeidung von Fehlinvestitionen.

Wenn man Projekte aus den letzten Jahren betrachtet, so finden sich sowohl die erwarteten strategischen Empfehlungen zum Kapazitätsaufbau in Niedriglohn- oder BRIC-Ländern, aber auch unerwartete Ergebnisse und unkonventionelle Empfehlungen. Dazu einige Beispiele:

- Fertigung von Volumenprodukten weiter in Hochlohnländern aber Verlagerung variantenreicher Kleinserien nach Osteuropa. Treiber dafür waren Marktnähe, Logistikkosten und hocheffiziente Serienproduktion.
- Re-Investition in Press- und Lackieranlagen am Stammsitz. Treiber für die Entscheidung war, dass durch die Gesamtbetrachtung erstmals ein valider Business Case erstellt werden konnte.
- Aufgabe von ungünstigen Standorten, die opportunistisch aufgebaut oder durch spontane „unternehmerische" Entscheidungen akquiriert wurden, und nicht nachhaltig wettbewerbsfähig waren. Treiber der Entscheidung war der ganzheitliche und mehrjährige Vergleich mit günstiger positionierten Standorten.
- Verlagerung einer ganzen Maschinenfabrik von den USA nach Deutschland aufgrund von Marktnähe, Qualitätsanforderungen, Qualifikation, Innovationsfähigkeit und Zulieferstrukturen. Treiber waren klar günstigere Standortfaktoren in Deutschland für hochwertigen Maschinenbau.
- Masterplan für schrittweisen Ausbau von Standorten in neue Märkte abgestimmt mit der Einführung neuer Produkte, um Beschäftigungsniveau in Deutschland zu halten. Treiber war das erwartete Wachstum des Investitionsgüterabsatzes in Asien.
- Aufbau eines zweiten F&E Standortes in Ungarn und schrittweise Übernahme der Leitwerkfunktion durch Ungarn. Ein wesentlicher Treiber war hier der erwartete Schwierigkeit, die erforderlichen Ingenieure an den deutschen und französischen Standorten zu rekrutieren.

Für den Standort Deutschland bedeutet die Umgestaltung eines Wertschöpfungsnetzwerkes häufig einen Abbau oder zumindest einen Nicht-Aufbau von Beschäftigung. Dafür wird aber dabei die Beschäftigung gestärkt, die in Deutschland zukunftsfähig ist und deren Wertschöpfung und Produktivität das hohe Lohnniveau rechtfertigen.

5 THESEN ZUR STÄRKUNG DER INDUSTRIELLEN BASIS IN DEUTSCHLAND

Das Verständnis für die Treiber und Gestaltungsfaktoren derartiger Veränderungen des Wertschöpfungsnetzwerkes ermöglichen aber auch, gezielt Maßnahmen für die Stärkung der industriellen Basis und Beschäftigung zu entwickeln:

- Der Gestaltungsfaktor Marktkomplexität und Produktreife bedingt, dass die Industrialisierung neuer Produkte in der Nähe der Innovationszentren erfolgt. Um diese anspruchsvolle Beschäftigung in Deutschland zu halten, muss die Innovations- und Industrialisierungskompetenz gefördert werden. Man sollte auch die innere Logik akzeptieren, dass mit zunehmender Produktreife solche Prozesse ggf. in dann dafür besser geeignete Standorte verlagert werden. Dem kann mit Regulierung und Besteuerung entgegengewirkt werden. Dies birgt dann aber die nicht unerhebliche Gefahr, dass diese Prozesse erst gar nicht mehr in Deutschland angesiedelt werden, Unternehmen die nötige Kompetenz in anderen Märkten aufbauen und diese hochwertige Beschäftigung in Deutschland verloren geht.
- Der Gestaltungsfaktor Faktor- und Transportkosten ermöglicht und fördert bei den heutigen Lohnkostenunterschieden und relativ geringen Transportkosten die zunehmende Globalisierung der Produktion. Die günstigen Logistikkosten sind für Deutschland als Exportnation aber ein wichtiger Erfolgsfaktor. Den Wohlstandsvorsprung gegenüber BRIC-Ländern, den die Lohndifferenz ausdrückt, wollen wir als Nation ebenfalls bewahren. Dies erfordert aber auch den Leistungsvorsprung zu erhalten. Dazu sind Qualifikation, Produktivität und Innovation entscheidend. Für schlecht qualifizierte und motivierte Arbeitskräfte ist die heutige Lohndifferenz langfristig nicht zu rechtfertigen. Um diese Faktoren für die produzierende Industrie zu stärken, muss viel mehr getan werden, und zwar nicht nur für „akademische Eliten" wie Ingenieure, sondern insbesondere auch für die „Fertigkeitseliten" wie Facharbeiter und Techniker, die eine traditionelle Stärke der deutschen Industrie sind.
- Der Gestaltungsfaktor Kritische Technologien und Skaleneffekte zeigt die Bedeutung moderner Produktionstechnologie, sowie des Know-hows und der Fertigkeiten, diese effizient zu betreiben. Die deutsche Werkzeugmaschinenindustrie, Automatisierungstechnik und zugehörige produktionstechnische Forschung spielen trotz der relativ geringen volkswirtschaftlichen Größe eine wichtige Rolle für die Sicherung der Beschäftigung. Der Fokus der Forschung sollte aber stärker auf

die Entwicklung wirklich neuer Verfahren gerichtet werden, die es ermöglichen, neuartige Produkte zu produzieren, deren Erzeugung vorher so nicht möglich war. Dies sichert nicht nur Beschäftigung, sondern schafft direkt Potential für neue Unternehmen und Arbeitsplätze.

– Der Gestaltungsfaktor Globale Beschaffungsmärkte zeigt die Bedeutung einer leistungsfähigen Zulieferindustrie. In Deutschland müssen wir daher nicht nur gute Rahmenbedingungen für die Leitindustrien schaffen, sondern auch für die Elektronikindustrie, Blechverarbeitende oder umformende Unternehmen und auch Grundstoffindustrien, wie z. B. die Buntmetallindustrie.

Die makroökonomischen Rahmenbedingungen mit der Entwicklungsdynamik und den Absatzchancen in den BRIC-Ländern bieten der deutschen Industrie große Chancen. Wichtige Aufgabe einer aktiven Wirtschaftspolitik ist hier nicht die Abschottung des Wirtschaftsverkehrs mit diesen Ländern sondern die energische Bekämpfung von Wettbewerbsverzerrungen durch Importzölle, Rechtsunsicherheit oder Plagiate.

6 FAZIT

Zusammenfassend hat die deutsche Industrie bisher von der Globalisierung und Öffnung der Märkte seit den 1990er Jahren insgesamt stark profitiert und ihre Wettbewerbsfähigkeit gegenüber anderen Industrieländern verbessert. Das Rad der Globalisierung dreht sich mit mächtiger Kraft. Bei gezielter Stärkung unserer Wettbewerbsfaktoren in diesem Getriebe, bietet die Gestaltung globaler Wertschöpfungsnetze für die deutsche Industrie und für Beschäftigung in Deutschland gute Chancen.

> PRODUKTIONSSTRATEGIE EINES GLOBAL AGIERENDEN MITTELSTÄNDISCHEN UNTERNEHMENS

AXEL SCHMIDT

MANAGEMENT SUMMARY

Die Firma Sennheiser ist ein international tätiges Unternehmen mit Hauptsitz in Wennebostel bei Hannover. Es befindet sich vollständig in Familienbesitz und erzielte in 2008 einen Umsatz von 385 Millionen Euro, davon über 82 Prozent außerhalb Deutschlands. Das Produktangebot umfasst im Wesentlichen drahtlose Mikrofonsysteme, Mikrofone, Kopfhörer, Produkte für Piloten und Passagiere in Flugzeugen, Kommunikations- und Informationssysteme und Hörhilfen.

Für das Unternehmen stellte sich infolge des starken Wachstums schon seit längerer Zeit die Frage nach einer angemessenen Produktionsstrategie zur Versorgung der Kunden in mehr als 100 Ländern. Als wesentliche Ziele wurde die zuverlässige Lieferung mit höchster Qualität zu wettbewerbsfähigen Kosten definiert. Dabei galt es, die Vorteile einer Fertigung in einem Niedriglohnland gegen die Risiken durch lange Transportwege, mögliche Qualitätseinbrüche, Know-how-Verlust und ausufernden Managementaufwand abzuwägen. Die Unternehmensleitung legte ein deutliches Bekenntnis zum deutschen Standort ab, sofern dies wirtschaftlich zu vertreten ist.

Auf Basis intensiver Workshops mit Unternehmensleitung, Marketing, Vertrieb, Entwicklung, Produktion und Logistik wurden die zwei deutschen Fertigungsstätten zu einem zentralen Produktions- und Technologiezentrum am Stammsitz zusammengefasst und den beiden vorhandenen Fabriken in Irland und New Mexico eine klar definierte Rolle zugewiesen. Darüber hinaus bietet eine Vertriebs- und Entwicklungsgruppe in Singapur die Möglichkeit, auf den stark wachsenden asiatischen Bedarf für Consumer-Produkte mit marktnahen Lösungen zu reagieren.

Das im folgenden Beitrag näher beschriebene Produktions- und Technologiezentrum erfüllt die Funktion einer Leitfabrik im weltweiten Produktionsverbund, der neben der Eigenfertigung auch Zukäufe von qualifizierten Partnerunternehmen umfasst. In diesem Zentrum werden zum einen die Fertigungs- und Montagetechnologie sowie die Produktionsmodule entwickelt, welche eine Kernkompetenz bilden. Sie werden zu Produktionsanlagen komplettiert, getestet und das Bedienpersonal trainiert, um einen reibungslosen Anlauf sicher zu stellen. Damit wird auch die Einführung neuer Produkte sicherer. Zum anderen werden im Zentrum bestimmte Produktkomponenten und Produkte gefertigt und montiert, die produktseitig eine Kernkompetenz beinhalten.

Das weiterhin angestrebte stetige Wachstum mit neuen Produkten und in neuen Märkten birgt hohe Unsicherheiten bezüglich des Produktionsvolumens der einzelnen Produktbereiche und ihrer Komponenten. Daher war eine hohe, aber bezahlbare Wandlungsfähigkeit ein wichtiges Merkmal des neuen Zentrums. Dieses Ziel wird durch produktseitige Plattformkonzepte, Einführung von Produktionsstandards, mobile Produktionseinrichtungen und eine extrem anpassungsfähige technische Gebäudeausrüstung erreicht. Eine weitere wesentliche Forderung an das Zentrum war die Förderung der personenbezogenen Kommunikation durch Integration aller produktionsnahen Funktionen in das Gebäude und die Ausführung von Galerien mit Blickkontakt sowie transparenten Büro- und Besprechungsbereichen.

Die technischen Eckdaten des Projektes lassen sich wie folgt zusammenfassen:
Projekt:

- Architektenauswahlphase: 1 Jahr vor Baubeginn
- Objektplanungsphase: 12 Monate
- Objektausschreibungsphase: 3 Monate
- Objekterstellungsphase: 12 Monate
- Kosten: ca. 15 Mio. €

Gebäudestruktur:

- Konstruktion: Geschossbau als Stahlbeton Fertigteilkonstruktion mit Aluminiumfassade
- Arbeitsplätze: 400 (Produktion und Engineering)
- Gebäudeabmessungen: ca. 77 x 52 x 16 m (+4 m)
- Gebäudestruktur: Teilunterkellerung, 2 Vollgeschosse, 2 Galerien
- Deckenhöhe: ca. 6 m
- Stützenraster: 8,4 m / 16,8 m
- Nutzfläche: ca. 12.500 m^2 (netto)

Gebäudeversorgung: Kälte 785 kW, Wärme 1350 kW, Strom 1.600 kVA, Luftwechsel 165.000 m^3/Std

Insgesamt kann der Sennheiser-Ansatz als gelungene Antwort auf zukünftige Anforderungen in dem Markt der Elektroakustik gelten.

1   SENNHEISER AUF EINEN BLICK

Sennheiser wurde 1945 durch Prof. Fritz Sennheiser in einem Bauernhaus in Wennebostel (Region Hannover) gegründet. Das Unternehmen ist zu 100% im Familienbesitz und entwickelt, produziert und vertreibt hochwertige Produkte der Elektroakustik.

Die Sennheiser Gruppe verfügt heute über die vier Marken Sennheiser electronic, Sennheiser Consumer electronics, Sennheiser Communication und Georg Neumann. Das umfangreiche Produktportfolio umfasst drahtlose Mikrofonsysteme, Mikrofone, Kopfhörer, Aviation (Produkte für Piloten und Passagiere in Flugzeugen), Kommunikations- und Informationssysteme (in einem Joint Venture mit Oticon Dänemark) und Audiologie (Hörhilfen). Sie werden am Stammort in Deutschland, aber auch für bestimmte Produkte in Dänemark, Singapur und den USA von der ersten Idee bis zum serienreifen Produkt entwickelt.

Produziert wird in drei eigenen Werken in Deutschland, Irland und den USA sowie bei Zulieferfirmen in Asien. Diese versorgen über drei Logistikzentren in Deutschland, USA und Hong-Kong ein weltweites Vertriebsnetz von Tochtergesellschaften und Vertragspartnern, welche die zugeordneten Märkte beliefern.

Im Jahr 2009 erwirtschaftete die Sennheiser Gruppe weltweit einen Jahresumsatz von ca. 390 Mio. € mit über 2000 Mitarbeitern. Mit seiner Premium-Markenstrategie verfolgt Sennheiser ein stetiges profitables Wachstum.

2 UNTERNEHMEN IM WANDEL

Die zentrale Herausforderung für Unternehmen liegt heute mehr denn je darin, sich schnell auf extreme Veränderungen und die damit verbundenen Rahmenbedingungen einzustellen. Diese werden getrieben durch kurz- und langlebige Trends und sind damit Chance und Gefahr zugleich. Ausgelöst wird diese Entwicklung durch die fortschreitende Globalisierung der Märkte und einem damit einhergehenden wachsenden Wettbewerb, insbesondere auch aus jungen Industrienationen.

Sennheiser verzeichnete in den vergangenen Jahren ein starkes Umsatzwachstum von 45% bei gleichzeitigem Wachstum des Personalbestandes von 25%. Die Ursache liegt nicht zuletzt in der dynamischen Entwicklung des Consumer Marktes (z. B. MP3, Ipod, Smart Phones usw.). So beeinflussen neue technologische Trends das Verbraucherverhalten nachhaltig. Beispielsweise erlangt mit Einführung des Hochauflösenden Digitalen Fernsehens HDTV nicht nur die Bild-, sondern auch die Tonqualität einen neuen Stellenwert. Dolby Surround 3.1, 5.1 oder 7.1 gehören heute zu den Standards der Audiowiedergabe für Video- oder Fernsehübertragung. Ein schlechter Ton passt eben nicht zu einem guten Bild. Seit Einführung des Ipods ist ein MP3-Player nicht mehr nur ein Datenspeicher mit integriertem Audioplayer, sondern ein Prestigeobjekt und Modeartikel geworden, mit dem man sich aus der Masse hervorhebt und seinen sozialen Status abgrenzt. Individualisierte Produkte in umfangreichen Variationen erfreuen sich immer größerer Beliebtheit.

Die nachgefragte Variantenvielfalt stellt spezielle Anforderungen an das Produktionssystem eines Unternehmens. Da sich insbesondere das Consumer Geschäft stark an der Mode orientiert, haben Produkte in diesem Bereich nur einen relativ kurzen Produktlebenszyklus, manchmal weniger als ein Jahr. Dadurch hat sich die Zeit für die Entwicklung und Markteinführung neuer Produkte im Bereich der Consumer Elektronik in den letzten Jahren massiv verkürzt. Gleichzeitig ist die Komplexität der Produkte deutlich gestiegen (Rechenleistung, Batteriestandzeit, Softwarefeatures, Schnittstellen, Oberflächengestaltung usw.). Und das alles bei sinkenden Preisen, kürzeren Amortisationszeiten für damit verbundene Investitionen und gleichbleibenden oder gar gestiegenen Qualitätsanforderungen.

Eine erfolgreiche Bewältigung der dargelegten Entwicklungen und Anforderungen verlangt effiziente Wertschöpfungsstrukturen und -prozesse in einem Wertschöpfungsverbund, dessen strategische Ausrichtung sich unter anderem an folgenden Ansätzen orientiert:

- Versorgungsansatz: welche Märkte sind zu versorgen?
- Kostensenkung, Lean Thinking: wo und wie nutzen wir Synergien und gestalten effiziente Prozesse?
- Integrations- und Risikoansatz: welche Funktionen übernehmen einzelne Produktionsstätten im Wertschöpfungsverbund und wie wägen wir die lokale Konzentration der Wertschöpfung für ein Produkt gegen das Risiko eines Produktionsausfalls ab?
- Technologie-/Wissenstransfer: wie entwickeln, transferieren und schützen wir Wissen?
- Agilität und Wandlungsfähigkeit: wie stellen wir uns technisch und organisatorisch auf rasche und starke Veränderungen ein?

Immer mehr Unternehmen bauen ein Netzwerk von Produktionsstätten auf, die in verschiedenen Regionen der Welt produzieren. Sie wollen so näher bei ihren Kunden sein, Kostenvorteile in Billiglohnländern nutzen oder sich von Wechselkursschwankungen unabhängig machen [Kuh07]. Doch welche Rolle kommt dann noch dem Stammwerk zu, welches häufig in einem Hochlohnland angesiedelt ist?

3   SENNHEISER WERTSCHÖPFUNGSVERBUND

Bei der Organisation von Wertschöpfungsnetzwerken stehen alle Unternehmen vor dem gleichen Zielkonflikt. Einerseits muss die Organisation des Netzwerkes so aufgestellt sein, dass die aktuellen Produkte kosteneffizient hergestellt werden können. Andererseits müssen regelmäßig neue Produkte entwickelt werden, um im Wettbewerb bestehen zu können. Jedes Wertschöpfungsnetzwerk muss somit gleichzeitig effizient und innovativ sein. Innovationsfördernde Strukturen und Prozesse wirken sich nachteilig auf die Kosteneffizienz aus. Umgekehrt sind effizienzfördernde Strukturen und Prozesse innovationshemmend [DDS10].

Auch Sennheiser verfügt über einen globalen Wertschöpfungsverbund mit Fertigungsstätten in Deutschland, Irland und den USA, ergänzt durch ein umfangreiches weltweites Zuliefernetzwerk, Bild 1. Dabei wird im Wesentlichen eine Strategie verfolgt, bei der mehrere Produktionsstätten die gleichen Basisprodukte herstellen, jedoch angepasst an die jeweils regionalen Marktanforderungen, wie z. B. länderspezifische Frequenzen oder Verpackungen.

Bild 1: Sennheiser-Wertschöpfungsverbund im Überblick

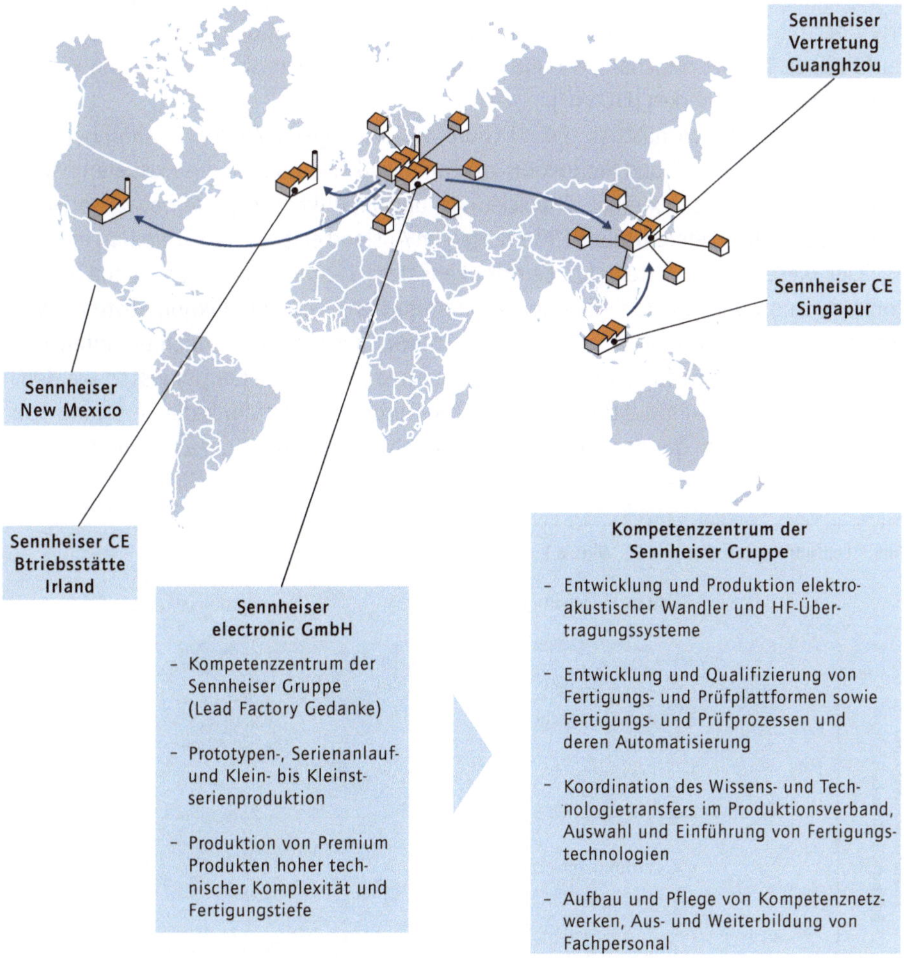

Im Verbund übernimmt die Produktion am Sennheiser Stammsitz die Rolle einer Leitfabrik und hat damit als Kompetenzzentrum eine strategische Vorreiterrolle. Besonders geeignet als Leitfabrik sind Produktionsstätten, die keine großen räumlichen, sprachlichen, kulturellen, administrativen und kulturellen Distanzen zum zentralen F&E-Standort aufweisen. Deshalb sind die meisten Leitfabriken – ähnlich wie F&E Standorte – in Hochlohnländern wie Deutschland angesiedelt.

Hier entwickeln und testen Ingenieure aus Forschung und Entwicklung in enger Zusammenarbeit gemeinsam mit den Experten des Engineering und der Produktion innovative Fertigungsverfahren und -einrichtungen für neue Produkte. Laufen die Prozesse in der Leitfabrik stabil, werden sie auf die dafür in Frage kommenden übrigen Standorte übertragen. Wesentlich für den Erfolg des Netzwerkes ist der Wissenstransfer. Die Leitfabrik als Mittler zwischen F&E und Produktion unterstützt die Diffusion von Wissen innerhalb des Netzwerkes [DDS10].

Das Unternehmen nutzt so die im Laufe der Jahre gesammelten Erfahrungen und Synergien zwischen F&E und Produktion im Stammwerk. Darüber hinaus existieren häufig etablierte Kontakte zu externen Entwicklungs- und Produktionsexperten etwa an Hochschulen oder bei Zulieferern, die an Standorten im Ausland erst aufgebaut werden müssen.

Der wesentliche Vorteil des Leitfabrikansatzes besteht im Vergleich mit einem Konkurrenznetzwerk in den geringeren Koordinations- und Produktionskosten sowie der positiven Einflussnahme auf die Entwicklung neuer Produkte. Durch ein intensives Simultaneous Engineering können kurze Produktrealisierungszeiten umgesetzt werden.

Im Rahmen des Produktionsverbunds übernimmt die Leitfabrik die Fertigung von Produkten mit einem geringen wissensökonomischen Reifegrad (Bild 2) [Kuh07].

Bild 2: Leitfabrikansatz (nach [DDS10] u. a.)

	Adaptionsstrategie	Aggregationsstrategie
	Traditionelles Wertschöpfungsnetzwerk +	Traditionelles Wertschöpfungsnetzwerk ++
	Leitfabrikansatz ++	Leitfabrikansatz +/-

(vertikale Achse: wissensökonomischer Reifegrad ohne Leitfabrik)

Der wissensökonomische Reifegrad beschreibt, in welchem Umfang eine nachgelagerte Produktionsstufe nicht mehr auf das implizite – d. h. nicht artikulierbare, vorausgesetzte – Wissen der vorgelagerten Produktionsstufe zurückgreifen muss. Je höher der wissensökonomische Reifegrad eines Produktes, umso weniger muss auf das Wissen einer vorgelagerten Produktionsstufe zurückgegriffen werden. Die kritische Grenze liegt dort, wo die Vorteile einer hoch spezialisierten Arbeitsteilung durch die erforderlichen Koordinationsprobleme nicht mehr kompensiert werden. Durch den Leitfabrikansatz lässt sich der wissensökonomische Reifegrad an der Schnittstelle zwischen F&E und Produktion gezielt erhöhen. Im Extremfall kann die Leitfabrik so viel implizites Wissen aus der F&E in den Produktionsprozess integrieren, dass die Produktion ohne Unterstützung auskommt [Kuh07].

Der Leitfabrikansatz ist besonders vorteilhaft bei niedrigem wissensökonomischen Reifegrad und Anwendung der sogenannten Adaptionsstrategie. Dabei werden die regionalen Produkte an den jeweiligen Produktionsstandorten an die regionalen Marktanforderungen angepasst. Bedingt geeignet ist der Leitfabrikansatz bei niedrigem wissensökonomischen Reifegrad bei der sogenannten Aggregationsstrategie. Hier versucht das Unternehmen, Größen- und Verbundvorteile durch Zusammenfassung der weltweiten Nachfrage je Produkt an einem Standort zu erlangen.

Für Sennheiser ergab sich aus diesen Überlegungen der Ansatz einer Leitfabrik am deutschen Stammort. Folgende Aufgaben wurden für die Leitfabrik definiert:

- Verkürzung von Produktrealisierungszeiten (Time to Market),
- Prototypenfertigung, Serienanlauf neuer Produkte, Fertigung von Produkten mit geringem wissensökonomischen Reifegrad,
- Definition und Einführung von Plattformstrategien, Fertigungsprozessen und Standards innerhalb des Produktionsverbundes,
- Koordination des Wissens- und Technologietransfers im Produktionsverbund (Roadmapping),
- Aufbau und Pflege von Kompetenznetzwerken sowie Aus- und Weiterbildung von Fachpersonal,
- Festigung der Premium-Markenstrategie (Produkte hoher Qualität „Made in Germany") und
- Sicherung des Produktionsstandortes Deutschland.

4 PRODUKTIONS- UND TECHNOLOGIEZENTRUM

Der Erfolg des Leitfabrikkonzeptes ist naturgemäß von den Personen und den Rahmenbedingungen abhängig. Insbesondere die geschickte Verknüpfung von Innovation und Effizienz in einer Leitfabrik erfordern ein umfangreiches Kompetenznetzwerk mit hochqualifizierten Mitarbeitern und einer leistungsfähigen Infrastruktur (Technik, Gebäude, Logistik). Dies ist ein weiteres Kriterium für die Ansiedlung von Leitfabriken an Hochlohnstandorten wie Deutschland.

Obwohl der letzte Ausbau bei Sennheiser mit einem neuem Produktionsgebäude erst knapp 10 Jahre zurückliegt, ist der Großteil der Infrastruktur „gewachsen" und nicht auf extreme Veränderungen ausgelegt. Eine derartige Infrastruktur ist in einem sich schnell verändernden Umfeld, wie wir es in den vergangenen Jahren erfahren haben, auf Dauer nicht mehr wettbewerbsfähig. Zur nachhaltigen Sicherung und der Aufrechterhaltung der Wettbewerbsfähigkeit des Standortes als Leitfabrik haben sich die Eigentümer und die Unternehmensleitung daher Anfang 2007 für eine Neuausrichtung der Firmenzentrale und die Zusammenlegung zweier Produktionsstandorte entschieden.

4.1 ZIELSETZUNG

Neben der Forderung nach wandlungsfähigen Strukturen zeichnen sich heutige erfolgreiche Fabrikkonzepte insbesondere durch logistikgerechte Layouts, transparente Abläufe, attraktive Arbeitsbedingungen und die langfristig angelegte prozessspezifische Funktionalität der Gebäude aus [WRN09]. Die genannten Forderungen werden aber von den meisten gewachsenen Strukturen nicht erfüllt, so auch bei Sennheiser.

Im Rahmen einer Masterplanung wurde zunächst auf der Ebene der Unternehmensleitung grundsätzlich die Frage nach der zukünftigen Rolle der Produktion und des Stammwerkes gestellt.

Dabei wurde folgende Vision erarbeitet:

- Wennebostel ist das Sennheiser Head Quarter der Sennheiser-Gruppe.
- Der Standort verkörpert Wurzel, Seele und Tradition des Unternehmens.
- Er ist das Innovations- und Technologiezentrum der Elektroakustik.
- Hier findet die Koordination der globalen Netzwerke und Teams statt.
- Das Erscheinungsbild spiegelt den Anspruch der Marke wider.
- Er bietet eine attraktive Arbeitsumgebung für die Mitarbeiter.

Die zu betrachtenden Prozesse am Stammort lassen sich entsprechend Bild 3 strukturieren.

Bild 3: Unternehmensprozesse

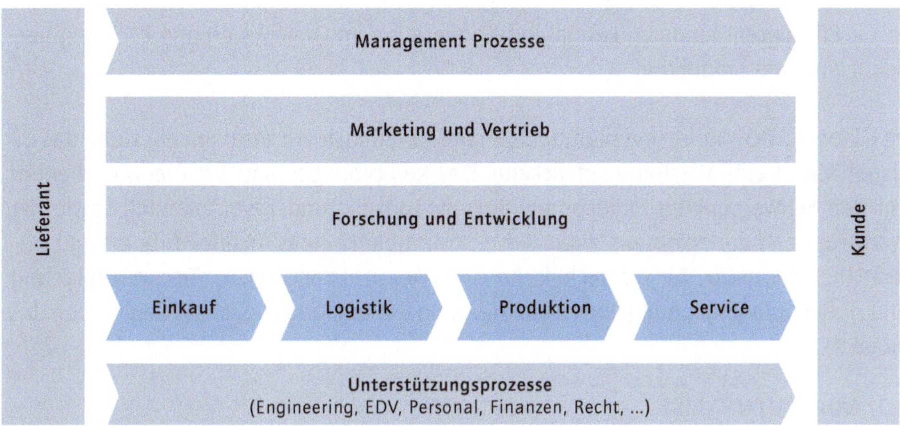

Im Mittelpunkt steht die Wertschöpfungskette vom Lieferanten zum Kunden, ergänzt durch F&E sowie Marketing und Vertrieb und unterstützt durch Engineering, IT, Personaldienste, Finanzen & Controlling, Rechtsdienste usw.

Daraus ergaben sich folgende strategische Leitsätze:

- Abbilden der Projektkette: Marketing – Forschung und Entwicklung – Technologieentwicklung, Produktion – Logistik – Service.
- Support-Funktionen kundennah integrieren.
- Skalierbare Funktionsbereiche mit geringem Aufwand ermöglichen.
- Hohe Wandlungsfähigkeit der Gebäude, Räume und Einrichtungen sicher stellen.
- Kommunikation fördern.

Für die einzelnen Unternehmensfunktionen Marketing, Vertrieb, F&E, Engineering, Produktion und Supply Chain sowie die Support-Funktionen Qualitätsmanagement, Personal, Finanzen und Controlling sowie IT konnten aufbauend darauf die Zielsetzungen entwickelt werden. Für die Produktion und das Engineering wurde entschieden, ein sogenanntes Produktions- und Technologiezentrum zu errichten. Damit soll zum Ausdruck gebracht werden, dass es sich nicht einfach um eine Erweiterung oder Rationalisierung der Produktion handelt, sondern im Sinne der Leitfabrik um einen neuen Ansatz, um u. a. folgende Ziele zu erreichen:

- Ausbau des Standorts Wennebostel als weltweite Zentrale.
- Zentralisierung und Optimierung der Produktionsstruktur.

- Entwicklung eines transparenten und wandlungsfähigen Layouts.
- Gestaltung einer attraktiven und hoch effizienten Fertigung.
- Effizientere Kommunikation und Kooperation im Dreiecksverbund F&E, Engineering und Produktion.

Im Oktober 2007 wurde ein multidisziplinäres Planungsteam zusammengestellt, das im ersten Schritt eine Vorstudie entwickelte. Das Kernteam bestand aus drei Mitarbeitern mit den Schwerpunkten Projektmanagement, Logistik- und Layoutplanung sowie der Werks- und Gebäudeplanung, ergänzt durch Mitarbeiter eines Architekturbüros und weiterer Ingenieurbüros für die technische Gewerkeausrüstung (TGA), Tragwerksplanung und Außenanlagenplanung. Ein Nutzerkreis und ein Lenkungsausschuss begleiteten das Projekt.

4.2 VORGEHENSWEISE

Die Planung folgte dem Ansatz nach in sechs Phasen, siehe Bild 4 oben. In den Phasen 1 bis 4 wurden die Grundlagen für den Werkstrukturplan des Standortes und die eigentliche Struktur- und Layoutplanung des Produktions- und Technologiezentrums erhoben. Links unten in Bild 4 ist der dort festgelegte Werksstrukturplan erkennbar mit den beiden Hauptfunktionen „Time to Market" (hier wird die Prozesskette Marketing, Vertrieb, Forschung und Produktentwicklung abgebildet) und dem „Order Fulfillment" (hier wird die Prozesskette Auftragserzeugung, Produktion und Versand abgebildet). Die Supportfunktionen sind möglichst nahe zu den internen und externen Kunden angeordnet. Rechts unten im Bild sind die möglichen Ausbaustufen des Werksgeländes bis zur Bebauungsgrenze erkennbar.

Im ersten Schritt wurden im Rahmen der Vorstudie die Randbedingungen – wie benötigte Flächen, grobe Kostenabschätzung, etc. – näher bestimmt. Basis war u. a. das Produktionsprogramm und Unternehmensperspektive für die nächsten 10 Jahre [FS09]. Mit dem angenommenen Wachstum konnten auf Basis der vorhandenen Produktions- und Serviceflächen sowie eingeplanter Effizienzsteigerungen die zukünftig benötigten Flächen berechnet werden. Neben diesen Flächen wurde auch Platz für das bereits erwähnte Engineering vorgesehen. Hier werden im Sinne der Leitfabrik in enger Zusammenarbeit zwischen den Bereichen Engineering und Produktion Arbeitsplätze, Betriebs- und Prüfmittel entwickelt, erprobt und optimiert. Im Ergebnis errechnete sich eine benötigte Gesamtnutzfläche von ca. 12.500 Quadratmetern. Um sowohl den rechtlichen Bedingungen laut Bebauungsplan als auch der angestrebten Nutzfläche gerecht zu werden, wurde als Kontur ein quaderförmiges Gebäude mit zwei Geschossen, die jeweils eine Zwischengalerie aufweisen, abgeleitet und monetär bewertet.

Bild 4: Planungsansatz und Masterplan Standortausbau

Planungsansatz

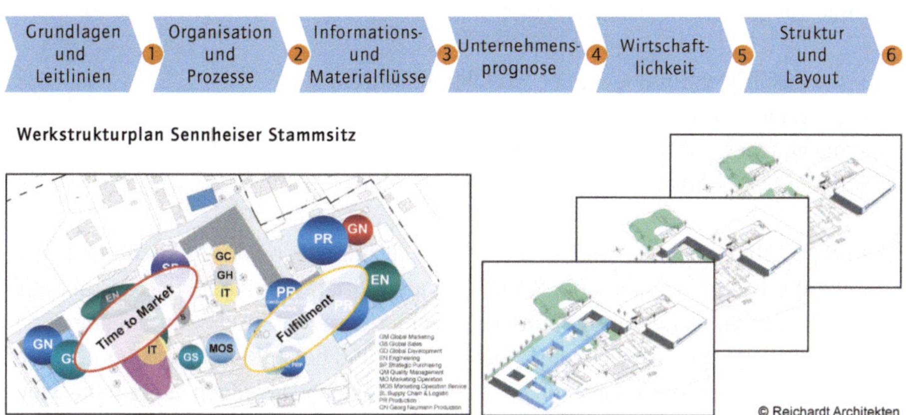

4.3 STRUKTUR- UND LAYOUTPLANUNG

Die anschließende Struktur- und Layoutplanung folgt den in der VDI-Richtlinie 5200 „Fabrikplanung" [VDI09] beschriebenen Schritten gemäß Bild 5, ausführlich erläutert in [WRN09]. Dabei werden die vier Phasen Strukturentwicklung (dimensionsloses Funktionsschema), Strukturausplanung (Dimensionierung der Flächen), Groblayout (ideale Anordnung) und Feinlayout-Planung (maßstäbliche Anordnung unter Berücksichtigung des Gebäudes und von Restriktionen) durchlaufen.

Bild 5: Planungsschritte Strukturdesign und Layoutgestaltung (nach IFA Uni Hannover)

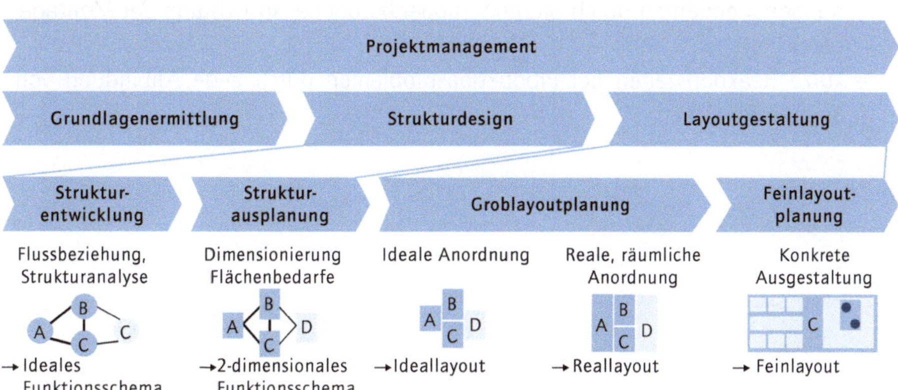

Von zentraler Bedeutung ist die Fabrikstruktur, welche die Beziehung der Hauptfunkti-onselemente beschreibt und die langfristige Leistungsfähigkeit einer Fabrik bezüglich Materialfluss, Kommunikationsfluss, Wandlungsfähigkeit und Transparenz bestimmt. Im Wesentlichen ging es in diesem Fall um:

- die Zusammenführung zweier Produktionsstätten,
- die Reduzierung von Verschwendung,
- die Nutzung von Synergieeffekten,
- die Entwicklung einer skalierbaren Strukturlogik.

Neben der Materialflussanalyse wurden weitere technische, organisatorische und öko-nomische Wechselbeziehungen der Produktion identifiziert. Die Produktion besteht aus einer Montage, die eine hohe Termintreue gewährleisten muss. Die Montageeinheiten werden aus der Vorproduktion bedient, bei der aufgrund hoher Maschinenstundensätze eine hohe Auslastung der Maschinen im Vordergrund steht. Deswegen lag es nahe, eine Struktur mit zwei individuellen Steuerungskreisläufen zu etablieren. Dafür wurden die Steuerungsprinzipien Push und Pull auf die zuvor genannten Ziele hin untersucht und bewertet. Das Ergebnis zeigte eindeutig, dass im Bereich der Montage eine Pull-Steue-rung die Umsetzung der Ziele am besten erfüllen kann, weil sie eine hohe Termintreue gewährleistet und einen geringen Steuerungsaufwand benötigt. Die Vorproduktion soll aufgrund stark schwankender Vertriebsprognosen und hoher Maschinenstundensätze auch weiterhin mit einer Push-Steuerung geführt werden. Die beiden Bereiche werden durch einen kundenneutralen Bauteilepuffer entkoppelt.

Das Ergebnis zeigt Bild 6 mit den wesentlichen funktions- u. prozessorientierten Strukturelementen. Die wesentlichen Eigenschaften sind:

- Modular gestaltete Struktur mit klar abgegrenzten Verantwortlichkeiten,
- Kundenorientierung durch produktgruppenbezogene Ausrichtung der Montage-bereiche,
- kurze Reaktionszeiten bei Produktionsproblemen durch enge Anbindung von Support-Bereichen.

Bild 6: Struktur Produktions- und Technologiezentrum

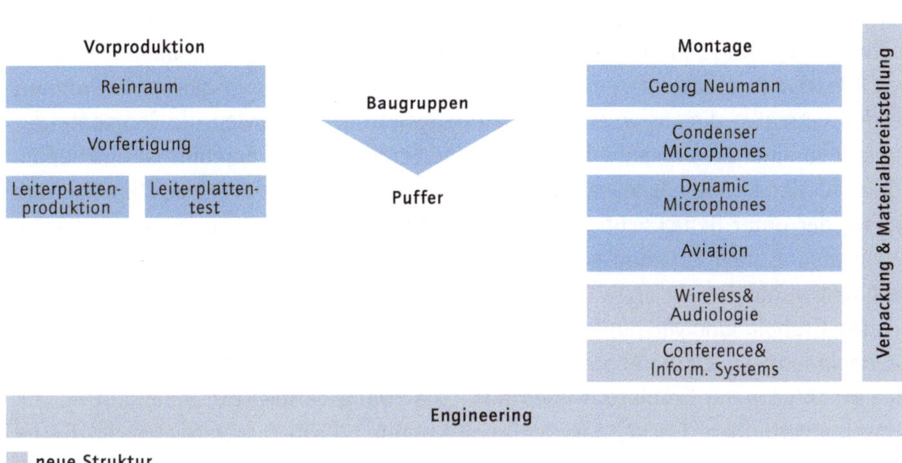

4.4 PRODUKTIONSPLANUNG

Die Produktionsplanung umfasst im Wesentlichen die Bereiche Absatz- und Vertriebsplanung, Bestandsplanung, Primärbedarfsplanung und Ressourcengrobplanung (nach Luczak et al. 1999, S. 19) Die Flexibilisierung der Produktionssysteme, komplexe Wertschöpfungsnetzwerke sowie die hohe Variantenvielfalt erfordern ein entsprechend angepasstes Verständnis der Produktionsplanung.

Während die Produktionsplanung in der Vergangenheit eher zentralistisch geprägt war und einen relativ weiten Planungshorizont hatte, ist sie heutzutage wertschöpfungsorientiert, flexibel und besitzt einen kürzeren Planungshorizont. Aus dieser Entwicklung lässt sich ein Trend hin zu einer echtzeitnahen Produktionsplanung und -abstimmung im Wertschöpfungsnetzwerk erkennen. Darüber hinaus zeichnet sich eine Entwicklung zur Selbststeuerung, einer Produktion auf Basis der Agententheorie ab.

Im Zusammenhang mit der prognostizierten Entwicklung zur Belieferung des Long Tails auch für komplexe Produkte, werden produce-on-demand Modelle zunehmen, die ausgehend von einer verbindlichen Nachfrage alle benötigten Ressourcen (tangible und intangible) in hoher Geschwindigkeit entlang der Wertschöpfungskette zusammenführen und dem Kunden zur Verfügung stellen (als fertigen Output oder zur Selbstproduktion). Analog zu den Ausführungen zur Variantenvielfalt sind integrierte Echtzeit-Informationssysteme eine Lösungsvoraussetzung.

4.5   ENTWICKLUNG DES HUMANKAPITALS

Der Logik des Prozessmodells der Fabrikplanung folgend (vgl. Bild 5), besteht der erste Schritt der Layoutgestaltung aus der Entwicklung eines idealen Produktions-Layouts. Das Ideallayout repräsentiert eine von sämtlichen Restriktionen losgelöste Anordnung der flächenmäßig dimensionierten Struktureinheiten. Dazu werden die Segmente der Struktur zu einer zusammenhängenden Fläche verdichtet. Das Ergebnis ist eine ideale Kontur für den Neubau. Eine wesentliche Bestimmungsgröße ist der zukünftige Flächenbedarf, der unter Berücksichtigung von Wachstumsfaktoren (Mengen, Personal etc.), Arbeitsorganisation, Funktionserweiterungen sowie Flexibilität und Wandlungsfähigkeit bestimmt wurde.

Die Grobplanung verknüpft die Funktionsstruktur mit der parallel verlaufenden Gebäudeplanung. Durch die Anpassung an Randbedingungen und Restriktionen wird die ideale Kontur in ein Groblayout überführt. So erzwang beispielsweise die laut Bebauungsplan verfügbare Fläche, dass die angestrebten 12.500 Quadratmeter Nutzfläche nicht ebenerdig gebaut werden konnten. Das führte in der Gebäudeauslegung zu einem zweistöckigen Gebäude mit Bürogalerien auf jedem Stockwerk. Ein anderes Beispiel sind lärm- bzw. explosionsgeschützte Bereiche sowie Bereiche für Sonderprozesse, die aus arbeitsrechtlichen bzw. klimatechnischen Gründen entsprechend gekapselt werden müssen, auch wenn dadurch ein durchgängiger Materialfluss gestört wird. Im Ergebnis wurden unterschiedliche Groblayoutvarianten entwickelt und anschließend bewertet. Neben den in der Vorbereitungsphase definierten Zielgrößen sind hierbei natürlich die Kosten für bauliche Ausführungen ein entscheidendes Kriterium gewesen. In einem iterativen Prozess konnte so ein Groblayout entwickelt werden, das die Struktur bestmöglich unterstützt. Zusätzlich bietet das Layout u. a. durch das großzügige Stützenraster des Gebäudes ein hohes Maß an Wandlungsfähigkeit und stellt so die Nachhaltigkeit und Zukunftsrobustheit sicher.

Ohne die einzelnen Schritte der Feinplanung darzulegen, zeigen die folgenden Bilder das Endergebnis.

Im Erdgeschoss (Bild 7) teilt das Stützenraster das Layout in Längsrichtung in zwei große Gebäudeschiffe. Im ersten Bereich befinden sich der Wareneingang und die Vorfertigung. Der zweite Bereich, mit gleicher Spannweite, beinhaltet Flächen für eine Werkstatt, den Engineeringbereich sowie für eine Montagelinie. Diese Flächen wurden zum Teil gekapselt, da sie prozessbedingt ein spezielles Klima (Temperatur und Luftfeuchtigkeit) benötigen. Generell wurden im Erdgeschoss Bereiche angesiedelt, die eine hohe Materialflussintensität oder aber für die Tragfähigkeit des Gebäudes kritische Maschinen aufweisen. Die große Spannweite der Stützen (16,80 m x 8,40 m) garantiert hierbei einen hohen Grad an Reaktions- und Wandlungsfähigkeit. Um transparente Materialflüsse zu gewährleisten, wurden die Transportwege so geplant, dass sich die Hauptmaterialflüsse (siehe Bild 6) nicht kreuzen. Brücken verbinden das neue Produktions- und Technologiezentrum mit dem bestehenden Produktionsgebäude. Auf diese Weise wird sowohl eine effiziente Materialanbindung als auch ein schneller Kommunikationsaustausch erreicht.

Bild 7: Layout Erdgeschoss

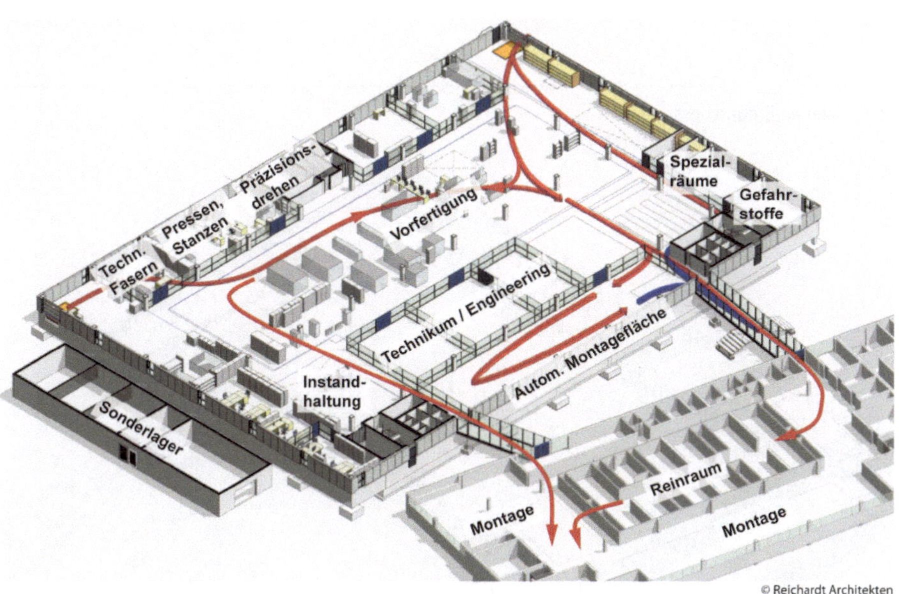

Der Erweiterbarkeit der Büroflächen auf den Galerieebenen wurde besondere Beachtung geschenkt, indem zukünftige Ausbauflächen bereits im Rohbau realisiert werden (Bild 8).

Aufwendige und kostenintensive Umbau- und Restrukturierungsarbeiten, die eine Produktionsunterbrechung zur Folge hätten, können so bei einer Erweiterung vermieden werden und ermöglichen somit eine aufwandsarme Modifikation des Gebäudes unter Beibehaltung der Struktur. Eine zentrale Rolle nehmen auch die kommunikationsunterstützenden Elemente ein: So bietet z. B. eine zentrale Pausenfläche, die in der Vorfertigung lokalisiert ist, allen Mitarbeitern ein gemeinsames Forum und die Gelegenheit zum Informationsaustausch. Die angrenzende Lage von Bürogalerien und Produktion fördert den Informationsfluss zwischen direktem und indirektem Personal. Gläserne Bürofronten sowie zentral über der Montage angeordnete Besprechungsräume gestatten den Blickkontakt und Austausch zwischen den Mitarbeitern. Auf diese Weise wird ein durchgängiger Kommunikationsaustausch gewährleistet. Von zentraler Bedeutung sind die im Gebäude untergebrachten drei Technikumsbereiche, die in effizienter Art und Weise die Entwicklung, Qualifizierung und Implementierung neuer Fertigungsprozesse und der damit verbundenen Produktions- und Prüfmittel unterstützen. Darüber hinaus bilden sie die Basis für eine schnelle Ursachenklärung im Fall von Fertigungsproblemen und deren kurzfristige Behebung. Damit sind die Technikumsbereiche ein entscheidender Stellhebel in der Time-to-Market Kette.

Bild 8: Galerien Erdgeschoss

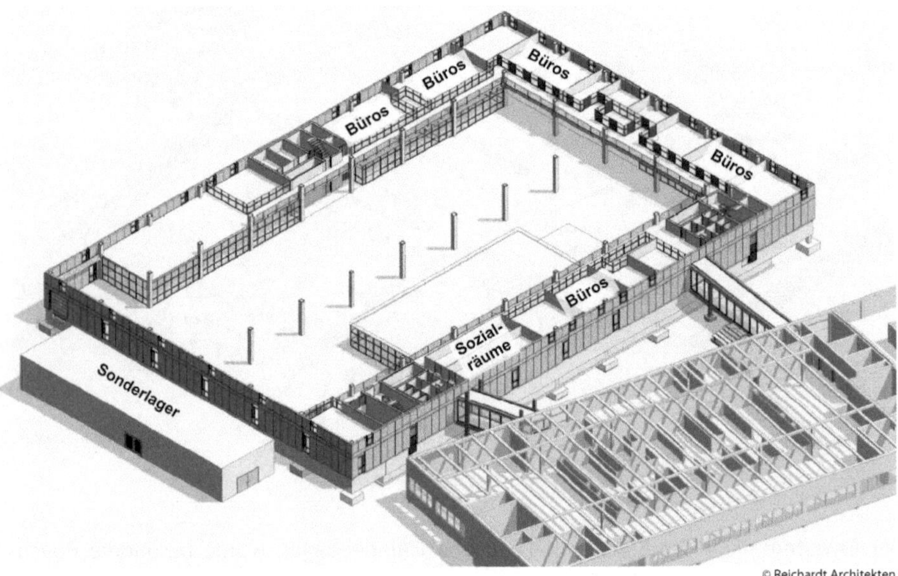

© Reichardt Architekten

Die Montageeinheiten wurden mit Ausnahme der automatisieren Montagelinie im Obergeschoss untergebracht (Bild 9). Das Material fließt aus dem Untergeschoss und der benachbarten Halle durch die Montagelinien einschließlich Endprüfung und von dort aus in die Verpackung. Zusammen mit weiteren Support-Funktionen, wie z. B. der Produktionssteuerung oder Räume für Auditoren, ist dieses Geschoss durchgängig mit geräuscharmen Prozessen belegt, die ähnlicher klimatischer Bedingungen bedürfen. Die Verpackung ist durch eine Systemtrennwand aus überwiegend transparenten Bauelementen von der Montage abgetrennt, um den Staubeintrag durch Kartonagen auszuschließen.

Bild 9: Layout Obergeschoss

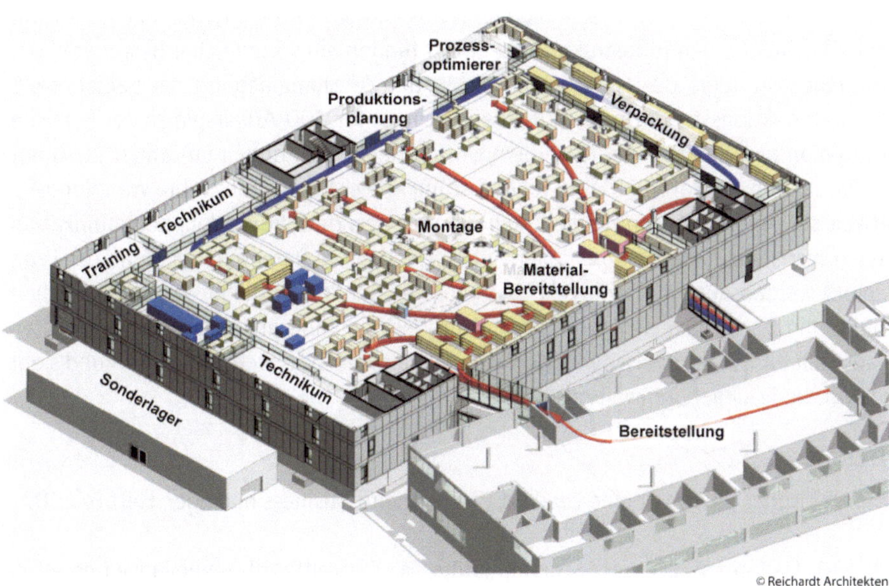

Auch im Obergeschoss sind Galerien angeordnet, auf denen neben Büros für die dort angesiedelten Montagebereiche Besprechungs- und Sozialräume angeordnet sind. Eine Erweiterung ist ebenfalls möglich.

Bild 10 vermittelt eine Vorstellung von der Außenansicht des realisierten Gebäudes. Es besteht weitgehend aus modularisierten Elementen, die sowohl im Inneren als auch an der Fassade Veränderungen erlauben. Besonderer Wert wurde auf eine Möglichkeit zur aufwandarmen Verschiebung bzw. Ein- und Auswechselung von Produktionseinheiten wie Maschinen und Arbeitsplätzen gelegt. Dies wurde durch ein Medienraster ohne Bodenverankerung erreicht.

Bild 10: Außenansicht Produktions- und Technologiezentrum

5   FAZIT UND AUSBLICK

Das neue Produktions- und Technologiezentrum am Stammsitz in Wennebostel ist mit seiner hochmodernen Infrastruktur und Einrichtungen ein wesentlicher Bestandteil der Produktionsstrategie des Unternehmens. Mit der Zusammenlegung der beiden deutschen Produktionsstandorte ist es die neue Heimat für 400 Arbeitsplätze der Bereiche Produktion und Engineering. Nach dem Umzug der Einrichtungen im Januar 2010 hat die Produktion im März 2010 ihre volle Leistung erreicht. Die angestrebte Wandlungsfähigkeit der Produktion konnte mehrfach unter Beweis gestellt werden. Kommunikation und Transparenz haben sich deutlich verbessert. Weitere Potentiale im Sinne der Lean Factory werden derzeit erschlossen. Die nächsten Schritte bestehen in der räumlichen Zuordnung der restlichen Bereiche auf dem Werksgelände angelehnt an den Masterplan nach Bild 3. Sennheiser wird den eingeschlagenen Weg weiter verfolgen und sieht sich für die Erschließung weiterer Märkte gerüstet.

LITERATUR

[Kuh07] Kuhn, L.: Was ist eine Lead Factory. Harvard Business manager, Heft 6/2007

[DDS10] Deflorin, P.; Dietl, H.; Scherrer-Rathje, M.: Die Leitfabrik – innovative und effizient zugleich. ZFO 79 (2010) Heft 2, S. 76-81

[WRN09] Wiendahl, H.-P.; Reichardt, J.; Nyhuis, P.: Handbuch Fabrikplanung – Konzept, Gestaltung und Umsetzung wandlungsfähiger Produktionsstätten. Hanser-Verlag, München, 2009

[FS09] Fischer, A.; Schmidt, A.: Wettbewerbsfähig in die Zukunft – Audiospezialist Sennheiser baut neues Produktions- und Technologiezentrum. wt Werkstattstechnik online Jahrgang 99 (2009) Heft 4, S.199-204

[VDI09] Verein Deutscher Ingenieure: VDI-Richtlinie 5200 – Fabrikplanung – Planungsvorgehen. Gründruck Beuth Verlag, Berlin, 2009

> HEBEL ZUR GESTALTUNG VON PRODUKTENTSTEHUNG, PRODUKTION UND WERTSCHÖPFUNG IN DEUTSCHLAND – ZUSAMMENFASSUNG UND SCHLUSSFOLGERUNGEN

JÜRGEN GAUSEMEIER/HANS-PETER WIENDAHL

Offensichtlich gibt es keinen Mangel an einschlägigen Arbeiten zur Gestaltung der industriellen Produktion in Deutschland. Stellvertretend seien folgende genannt:

- Intelligenter Produzieren – 32 Thesen für die Zukunft der industriellen Produktion. BDI, FhG, VDMA, 2005
- Innovationsstandort Deutschland – quo vadis. The Boston Consulting Group, 2006
- Exzellenz Cluster „Integrative Produktionstechnik für Hochlohnländer" RWTH Aachen, 2008
- The Manufuture Road. F. Jovane, E. Westkämper, D. Williams, 2009
- Jenseits der Krise – Substanz und Zukunft des Industriestandortes Deutschland. DIHK, 2009

Diese Arbeiten liefern neben den hier dokumentierten Beiträgen eine gute Basis für die angestrebte Konzeption für mehr Wertschöpfung und Beschäftigung in Deutschland. Einerseits konnten nicht alle Einflussbereiche in der erforderlichen Tiefe behandelt werden, andererseits stimmen einige häufig anzutreffende Thesen nachdenklich, weil sie auch Antithesen provozieren. Vorderhand sind drei Aspekte bislang noch nicht ausreichend ins Kalkül gezogen worden:

- der Einfluss der konsequenten Umsetzung des Leitbildes der nachhaltigen Entwicklung,
- der Einfluss von denkbaren globalen Entwicklungen von Märkten und Geschäftsumfeldern (Gesellschaft, Politik, Technologie, Ressourcenverfügbarkeit etc.) im Sinne von Zukunftsszenarien sowie
- die Betrachtung des Innovationsgeschehens und der damit verbundenen industriellen Wertschöpfung als vernetztes System.

Bislang wurde das systemische Verhalten des Innovationsgeschehens noch nicht ausreichend modelliert, geschweige denn, dass dies unter dem Blickwinkel der Nachhaltigkeit und alternativer Markt- und Umfeldszenarien geschah. Daher liegt die Vermutung nahe, dass es Gestaltungsfaktoren bzw. denkbare Ausprägungen von Gestaltungsfaktoren gibt, die bisher keine größere Beachtung gefunden haben, aber eine hohe Wirkung entfalten können. Aus derzeitiger Sicht zeichnet sich eine Reihe von Möglichkeiten zur Steigerung des beschäftigungswirksamen Innovationserfolgs ab, die im Folgenden skizziert werden.

Phantasievolle Vorausschau

Viele Beispiele, wie das Telefax und die LCD-Technologie, aber auch die relativ geringe Ausbeute aus der hohen Anzahl angemeldeter Patente deuten darauf hin, dass es in Deutschland an der Umsetzungsstärke hapert. Möglicherweise mangelt es auch an Phantasie, sich die Mega-Geschäfte von morgen vorzustellen, und die damit verbundene visionäre Kraft, kühne Zukunftsentwürfe zu erstellen und umzusetzen.

„Mehr von dem, was wir kennen", wird nicht ausreichen, um die Herausforderungen der Zukunft zu bewältigen. Die Grenzen des gewohnten Denkens sind zu überwinden; wir müssen das „Undenkbare" denken, um Vorstellungen über die Wettbewerbsarena von morgen zu gewinnen. Möglicherweise wird das, was wir heute perfektionieren, morgen nicht mehr relevant sein.

Für ältere Mitarbeiter Perspektiven schaffen

Mit der demographischen Entwicklung ergibt sich in vielen Unternehmen das Problem der Überalterung, aber auch des Verlustes des Wissens der Mitarbeiter. Demgegenüber werden viele Innovationen von älteren Mitarbeiten angetrieben. Dieses Handlungsfeld scheint somit ein hohes Erfolgspotential für das Innovationsgeschehen in Deutschland aufzuweisen. Innovative Formen der Erwachsenenbildung werden beispielsweise durch eine engere Zusammenarbeit von Wissenschaft und Wirtschaft möglich. So könnten erfahrene ältere und teils von Freisetzung bedrohte Mitarbeiter aus einem Unternehmen im Rahmen einer mehrjährigen, aber befristeten Mitarbeit an einem Hochschulinstitut eingesetzt werden. Die Einbindung in angewandte Forschung ermöglicht eine Weiterqualifizierung dieser Mitarbeiter. Ferner dürfte auch die völlig andere Arbeitskultur eine Änderung und Verjüngung der Einstellungen und Denkweisen der älteren Mitarbeiter bewirken. Schließlich profitieren die jungen wissenschaftlichen Mitarbeiter von den Erfahrungen der „Praktiker"; Lernprozesse werden so abgekürzt. Insgesamt kann davon ausgegangen werden, dass sich für die älteren Mitarbeiter neue Perspektiven eröffnen und sich ein wirkungsvoller Transfer von Forschungsergebnissen in die Unternehmen ergibt, wenn sie in ihre Unternehmen zurückgehen bzw. sich für andere Unternehmen entscheiden.

Wissensmanagement als sozio-technische Herausforderung begreifen

Es gibt kaum ein Gebiet, in dem Anspruch und Wirklichkeit so weit auseinander liegen wie in dem Gebiet Wissensmanagement. Einerseits gibt es keine Zweifel, dass der Einsatz von personengebundenem Wissen der entscheidende Hebel für den Innovationserfolg ist. Andererseits ziert Wissensmanagement seit Jahren die Maßnahmenpläne der meisten Unternehmen; Wissensmanagement wird in der Regel als technische Aufgabe aufgefasst. Offensichtlich greift dies nicht weit genug, wie dies auch Fredmund Malik auf den Punkt bringt: „Wissen ist etwas, was seinen Ort, salopp formuliert, zwischen zwei Ohren hat und nicht zwischen zwei Modems" [Mal05]. Vor diesem Hintergrund ist es an der Zeit, mit einem sozio-technischen Ansatz, der den Umgang mit personengebundenem Wissen in den Mittelpunkt stellt, die Nutzenpotentiale des Wissensmanagements zu erschließen.

Das Innovationsgeschehen in den Unternehmen systematisieren

Offenbar beruhen heute viele Innovationen auf der Intuition einiger weniger Menschen. Ferner ist festzustellen, dass der überwiegende Teil der Ideen nicht die in sie gesetzten Erwartungen erfüllt. Sie binden Ressourcen und die Aufmerksamkeit des Managements, bis sie schließlich gestoppt werden. Oft werden auch Ideen verworfen oder zurückgestellt, weil die Zeit noch nicht reif ist oder die Randbedingungen noch nicht gegeben sind.

Vor diesem Hintergrund ergibt sich die Notwendigkeit, die Generierung von Innovationen zu systematisieren. Statt allein auf Intuition zu vertrauen, ist die Ideenfindung stärker diskursiv zu gestalten. Dies muss auch eine möglichst frühzeitige Bewertung der Ideen umfassen, um weniger aussichtsreiche Pfade zu erkennen und auszusondern und somit Ressourcenvergeudung zu vermeiden. Ein weiterer wichtiger Aspekt ist der Umgang mit zurückgestellten Ideen: ein systematisches Ideenmanagement hilft, dieses Wissen aufzubereiten und später nutzbar zu machen. Darüber hinaus müssen sich die betrieblichen Aufgaben und Prozesse an den Innovationserfordernissen ausrichten. Nur die enge Verzahnung von Forschung, Produktentwicklung, Produktion, Service und Organisation sichert die Umsetzung von Ideen in Innovationen. Last but not least ist es wichtig, von Fall zu Fall die Balance zwischen kreativem Chaos und Bürokratisierung zu finden.

Integrationskompetenz stärken

Erfolgspotentiale für innovative Erzeugnisse ergeben sich mehr und mehr aus dem Zusammenwirken von Technologien; Produktentstehung beruht auf der interdisziplinären Zusammenarbeit von Technikwissenschaften. Das gilt insbesondere für die Zusammenarbeit der Ingenieurwissenschaften mit den Materialwissenschaften, den Naturwissenschaften und der Informatik. Die immer noch stark ausgeprägten Grenzen der Disziplinen sind zugunsten einer ganzheitlichen systemorientierten Denkweise zu überwinden. Dies ist nicht allein eine Frage der Entwicklungsmethodik, sondern auch eine Frage der Sozialkompetenz der Akteure.

Globale Wertschöpfung nachhaltig gestalten

„Wird die Lebenswelt der aufstrebenden Nationen durch die gegenwärtig vorherrschenden Technologien geprägt, so steigt der globale Ressourcenverbrauch über jedes ökologisch, ökonomisch und sozial verantwortbare Maß" [Sel07]. Die Überwindung des daraus resultierenden Dilemmas erfordert Kombinationen von teils radikalen Produkt-, Prozess- und Verhaltensinnovationen. Daraus ergeben sich gute Chancen für nicht ohne Weiteres nachvollziehbare Alleinstellungsmerkmale und eine vorteilhafte Positionierung im globalen Wettbewerb.

Produkte für die Weltbevölkerung

Heute bedienen die hochentwickelten Industrienationen und aufstrebenden Nationen mit technisch anspruchsvollen Erzeugnissen nur etwa ein Fünftel der Weltbevölkerung. Offensichtlich müssen Erzeugnisse deutlich anderen Anforderungen als den heute üblichen genügen, wenn sie in einer weltweit prosperierenden Entwicklung die Massen erreichen sollen. Dies hätte auch erhebliche Auswirkungen auf die Gestaltung von Wertschöpfungsnetzen.

Ultra Low Price, aber nicht Low Tech

Das Preis-Leistungs-Spektrum spreizt sich; wobei sich sowohl die Preise als auch die Leistungen des Produktes voneinander entfernen; die Distanzen zwischen den Produktklassen Premium und Standard werden größer. Demnach entstehen zwei neue Produktklassen: Produkte mit relativ hoher Leistung zu extrem niedrigen Preisen und Produkte mit stark angehobener Leistung bei gleich bleibenden Preisen. Beide Optionen sind Herausforderungen an Produktentstehung und Produktionssysteme, die modernste Technik erfordern, aber unterschiedlichen Zielsystemen gerecht werden müssen [Kuc09].

„Systemkopf" wenn möglich

Viele deutsche Unternehmen verfolgen die Wertschöpfungskonzeption „Systemkopf" [BDI08]: Sie konzentrieren sich auf Funktionen mit dem höchsten Differenzierungsgrad und damit Wertschöpfungspotential, organisieren von Deutschland aus komplexe Wertschöpfungsnetze und lagern Einfacharbeit aus. Derartige Unternehmen sind stärker internationalisiert, sie arbeiten intensiv in Netzwerken zusammen, sind innovationsstark und setzen auf hochqualifiziertes Personal.

Dies könnte ein Ansatz sein, um einen Interessensausgleich von hoher Wertschöpfung in Deutschland und gewünschter Wertschöpfung in den Zielmärkten zu erreichen. Andererseits lassen die Beobachtungen der Entwicklung in den aufstrebenden Wirtschaftsnationen wie China und Indien Zweifel an der dauerhaften Praktikabilität dieser Konzeption aufkommen: Auch die aufstrebenden Industrienationen werden sich konsequent auf High-Tech-Erzeugnisse und die damit verbundene Wertschöpfung konzentrieren und sich nicht auf die Rolle der „Werkbank" der etablierten Industrienationen beschränken wollen. Ferner bietet diese Konzeption kaum Beschäftigungsmöglichkeiten für die auch künftig große Anzahl von geringer Qualifizierten in Deutschland, auch wenn durch Innovationen in der Arbeitsgestaltung und Personalentwicklung neue Beschäftigungsmöglichkeiten in diesem Segment des Arbeitsmarktes eröffnet werden können.

Konzentration auf beschäftigungswirksame Spitzentechnologien

Trotz aller Faszination über Technologien wie Mikrosystemtechnik und Nanotechnik ist zu fragen, ob in den daraus entstehenden Industrien genügend Menschen eine angemessene Beschäftigung finden. Oft folgte dem „Hype" Ernüchterung angesichts der Schwierigkeiten auf dem Weg vom Labormuster zum Produkt; statt auf den nächsten Zug zu springen, wäre es besser gewesen, die F&E-Herausforderungen konsequent bis zur Marktreife zu bewältigen. Vor diesem Hintergrund zeichnet sich die Notwendigkeit zu einem mehr strategisch begründeten und konzertierten proaktiven Handeln ab. Auch ist zu fragen, ob diese neuen Technologieen – geschickt eingesetzt – nicht eine erhebliche Wertsteigerung der „alten" Produkte bewirken können. Dies ist beispielsweise in der Entwicklung energiesparender Verbrennungsmotoren zu beobachten. In diesem Kontext ergeben sich zwei Stoßrichtungen: 1) Ressourcen zuordnen nach gesicherten Erfolgspotentialen im Sinne von Nutzen, Geschäftsvolumen und Beschäftigungswirksamkeit. Dies entspricht dem Grundsatz der Konzentration der Kräfte. 2) Den Innovationspfad von den Erkenntnissen der Grundlagenforschung über die angewandte Forschung bis zur industriellen Umsetzung drastisch zu verkürzen.

Anpassungsfähigkeit der Produktion drastisch steigern

Strukturen und Einrichtungen der Produktion einschließlich Infrastruktur und IT sind vielfach noch wandlungsträge. Gelten bisher Mengenhübe in der Produktionsausbringung von ± 30% als anspruchsvoll, wird es zukünftig darum gehen, Volumenänderungen einzelner Produktgruppen von ± 70% zu verkraften und möglicherweise Fabriken für Tage oder Wochen in einen „Winterschlaf" versetzen zu können.

Der Produktion einen attraktiven Auftritt verschaffen

Der häufig wenig attraktive Zustand von Produktionsstätten ist mit dafür verantwortlich, dass diese eine geringe Anziehungskraft auf potentielle neue Arbeitskräfte ausüben. Die zersiedelten und aufgelassenen Gewerbegebiete am Rand der Städte tragen zu diesem Image bei. Nicht jedes Unternehmen kann sich eine „Gläserne Manufaktur" leisten, aber die zugrunde liegenden Leitideen, die Wertschöpfung sinnlich erfahrbar zu machen, Kommunikation durch Transparenz zu fördern, ressourcenschonend zu produzieren und einen „Markenauftritt" zu schaffen, der Kunden wie Mitarbeiter positiv anspricht, lassen sich häufig auch gewinnbringend auf kleine und mittlere Unternehmen übertragen.

LITERATUR

[BDI08] Bundesverband der Deutschen Industrie e. V. (BDI); Institut der Deutschen Wirtschaft Köln (IW); Roland Berger Strategy Consultants; Vereinigung der Bayerischen Wirtschaft e.V. (vbw): Systemkopf Deutschland Plus – Die Zukunft der Wertschöpfung am Standort Deutschland. BDI-Drucksache Nr. 405, Berlin, 2008

[Kuc09] Kucher, S. & Partners: Erfolg mit High Value- und Ultra Low Price-Strategien. 2. Kongress „Intelligenter Produzieren – Renaissance der Industriellen Produktion, 2009

[Mal05] Malik, F.: Gefährliche Fremdwörter – und warum man sie vermeiden sollte. Frankfurter Allgemeine Buch, 2005

[Sel07] Seliger, G.: Sustainability in Manufacturing: Recovery of Resources in Product and Material Cycles. Springer Verlag, Berlin, 2007

> TEILNEHMER DES WORKSHOPS „WERTSCHÖPFUNG UND BESCHÄFTIGUNG IN DEUTSCHLAND"
14.09.2010 | PZH HANNOVER

- Prof. Dr.-Ing. Christian Brecher, RWTH Aachen
- Dipl.-Wi.-Ing. Alexander Drees, Universität St. Gallen
- Prof. Dr.-Ing. Walter Döpper, Ingenieur- und Technologie-Beratung GmbH
- Prof. Dr.-Ing. Roland Jochem, TU Berlin
- Richard Gaul, Berlin
- Prof. Dr.-Ing. Jürgen Gausemeier, Universität Paderborn
- Dipl.-Wirt.-Ing. Anne-Christin Grote, Universität Paderborn
- Dr. Heinrich Höfer, Bundesverband der Deutschen Industrie e.V.
- Dipl.-Wirt.-Ing. Martin Kokoschka, Universität Paderborn
- Prof. Dr.-Ing. Dieter Krause, TU Hamburg-Harburg
- Prof. Dr.-Ing. Horst Meier, Ruhr-Universität Bochum
- Bernd Pätzold, ProSTEP AG
- Dr.-Ing. Bernd Pischetsrieder, Volkswagen AG
- Dr.-Ing. Axel Schmidt, Sennheiser electronic GmbH
- Dr.-Ing. Bernd C. Schmidt, A. T. Kearney GmbH
- Stefan Schulz, SAP AG
- Jan Niklas Töws, HARTING Electronics GmbH & Co. KG
- Prof. Dr.-Ing. Klaus Weinert, TU Dortmund
- Prof. Dr.-Ing. Hans-Peter Wiendahl, Universität Hannover
- Dr. rer. pol. Johannes Winter, acatech München
- Michael Wolf, UNITY AG
- Prof. Dr.-Ing. Jens Peter Wulfsberg, Universität der Bundeswehr Hamburg
- Prof. Dr. Wulff Plinke, European School of Management and Technology
- Matthias Schopp, KHS AG

Prof. Dr.-Ing. **Christian Brecher** ist seit 2004 Inhaber des Lehrstuhls für Werkzeugmaschinen am Werkzeugmaschinenlabor (WZL) der RWTH Aachen sowie Direktor und Leiter der Abteilung Produktionsmaschinen am Fraunhofer-Institut für Produktionstechnologie IPT. Einem Maschinenbaustudium an der RWTH Aachen folgte die Promotion am WZL, wo er als Gruppenleiter im Bereich Maschinenuntersuchung tätig war und zuletzt den Bereich Maschinentechnik als Oberingenieur verantwortete. Nach einer Beratertätigkeit in der Luftfahrtindustrie übernahm Herr Brecher im August 2001 die Leitung des Bereichs Konstruktion und Entwicklung bei der DS Technologie Werkzeugmaschinenbau GmbH, Mönchengladbach. Neben der Springorum-Denkmünze und der Borchers-Plakette der RWTH Aachen erhielt er den Studienpreis des Vereins Deutscher Werkzeugmaschinenfabriken VDW und die Otto-Kienzle-Gedenkmünze der Wissenschaftlichen Gesellschaft für Produktionstechnik WGP. Herr Brecher ist Sprecher des Exzellenzclusters „Integrative Produktionstechnik für Hochlohnländer".

Dipl.-Wi.-Ing. **Alexander Drees** ist wissenschaftlicher Mitarbeiter und Doktorand von Prof. Klaus Möller. Er koordiniert das vom Bundesministerium für Bildung und Forschung (BMBF) geförderte Projekt EDiMed zur Effizienzbewertung von Dienstleistungen. Zuvor hat er an der Universität Karlsruhe (jetzt Karlsruher Institut für Technologie) Wirtschaftsingenieurwesen studiert und anschließend im Bereich Transaction Advisory Services von Ernst & Young in Hamburg und Mumbai gearbeitet.

Prof. Dr.-Ing. **Jürgen Gausemeier** ist Professor für Produktentstehung am Heinz Nixdorf Institut der Universität Paderborn. Er promovierte am Institut für Werkzeugmaschinen und Fertigungstechnik der TU Berlin bei Prof. Spur. In seiner zwölfjährigen Industrietätigkeit war Herr Gausemeier Entwicklungschef für CAD/CAM-Systeme und zuletzt Leiter des Produktbereiches Prozessleitsysteme bei einem namhaften schweizer Unternehmen. Über die Universitätsgrenzen hinaus engagiert er sich u. a. als Mitglied des Vorstands und Geschäftsführer des Berliner Kreis – Wissenschaftliches Forum für Produktentwicklung e.V., ferner ist er Initiator und Aufsichtsratsvorsitzender des Beratungsunternehmens UNITY AG. Herr Gausemeier ist Mitglied des Präsidiums von acatech – Deutsche Akademie der Technikwissenschaften. 2009 wurde er in den Wissenschaftsrat berufen.

Dipl.-Volksw. **Tobias Klatt** ist wissenschaftlicher Mitarbeiter und Doktorand von Prof. Klaus Möller. Sein Forschungsschwerpunkt liegt im Bereich der Umfeldanalyse strategischer Einflussfaktoren auf die Unternehmensplanung. Er studierte Volkswirtschaftslehre an der Georg-August-Universität Göttingen und der Uppsala University, Schweden. In Projekten mit der Audi AG, der IBM Corporation sowie der DaimlerChrysler AG beschäftigte er sich mit Themen der strategischen Früherkennung, Marktprognose und Produktplatzierung.

Dr.-Ing. Dipl.-Wirt. Ing. **Stefan Kozielski** ist seit 2010 Geschäftsführer des Exzellenzclusters „Integrative Produktionstechnik für Hochlohnländer" an der RWTH Aachen. Nach seinem Maschinenbaustudium war Herr Kozielski von 2007 bis 2010 als wissenschaftlicher Mitarbeiter am Werkzeugmaschinenlabor (WZL) der RWTH Aachen tätig, wo er zuletzt als Gruppenleiter den Bereich „Prozessmanagement" verantwortete. Herr Kozielski ist Träger des Henry-Ford-(II) Studienpreises und Stipendiat der ThyssenKrupp-Studienförderung sowie der Rheinstahl-Stiftung.

Univ.-Prof. Dr. **Klaus Möller** ist Direktor des Instituts für Accounting, Controlling und Auditing sowie Inhaber der Professur Controlling/Performance Management an der Universität St. Gallen und schriftführender Herausgeber der Zeitschrift „Controlling". Nach Studium zum Wirtschaftsingenieur (Maschinenbau) an der TU Darmstadt Promotion und Habilitation bei Prof. Dr. Dr. h.c. mult. Péter Horváth an der Universität Stuttgart. Anschließend Lehrstuhlinhaber für Controlling an der TU München und der Universität Göttingen. Zahlreiche internationale Forschungs- und Beratungsprojekte sowie Gutachten für Unternehmen und öffentliche Institutionen. Seine Forschungsgebiete sind Performance Management, Netzwerk- und Innovationscontrolling.

Dr.-Ing. **Lutz Oliver Schapp** ist von 2008 bis 2011 Geschäftsführer des Exzellenzclusters „Integrative Produktionstechnik für Hochlohnländer". Nach seinem Maschinenbaustudium war er von 2002 bis 2007 als wissenschaftlicher Mitarbeiter am Werkzeugmaschinenlabor (WZL) der RWTH Aachen tätig, wo er sich mit der messtechnischen Untersuchung und simulationsgestützten Optimierung von spanenden und umformenden Werkzeugmaschinen beschäftigte. Herr Schapp ist Träger des Otto Kienzle Forschungspreises.

Dr.-Ing. **Axel Schmidt** studierte Maschinenbau mit dem Schwerpunkt angewandte Mechanik und Informationstechnik an der Technischen Universität Clausthal. Von 1993 bis 1998 war er als wissenschaftlicher Mitarbeiter am Institut für Maschinenwesen beschäftigt. Nach Abschluss seiner Promotion auf dem Gebiet der Maschinenakustik trat er 1998 als Projektleiter im Bereich Produktentwicklung in das Unternehmen Sennheiser electronic ein. Von 2001 bis 2005 war er als Programmgruppenleiter verantwortlich für die Mikrofonentwicklung. Seit Januar 2006 verantwortet er als Funktionsleiter Engineering die Bereiche Manufacturing Engineering, Inspection Systems, Product Engineering, Quality Engineering, Manufacturing Systems sowie Factory- and Facility Planning.

Dr.-Ing. **Bernd C. Schmidt** ist Principal im Düsseldorfer Büro der Unternehmensberatung A.T. Kearney und Mitglied der erweiterten Geschäftsleitung. Er ist industrieübergreifend für das Themengebiet Produktion und Supply Chain verantwortlich, mit Schwerpunkten auf Produktionsstrategie und Operational Excellence. Er koordiniert den gemeinsam mit der Wirtschaftszeitung Produktion durchgeführten Benchmarking-Wettbewerb „Fabrik des Jahres". Seit 2008 ist er Mitglied in der acatech Projektgruppe „Wertschöpfung und Beschäftigung". Herr Schmidt promovierte 1996 an der Universität Hannover bei Prof. Wiendahl im Bereich Produktionstechnik. Bis 2001 war er als Geschäftsführer des IPH-Institut für Integrierte Produktion Hannover tätig.

Prof. Dr.-Ing. **Günther Seliger** ist seit 1988 Universitätsprofessor für das Fachgebiet Montagetechnik und Fabrikbetrieb am Institut für Werkzeugmaschinen und Fabrikbetrieb der Technischen Universität Berlin. Seit 1991 ist er Corresponding Member of CIRP (Internationale produktionstechnische Forschungsvereinigung) und seit 2002 Active Member. Seit 1995 ist er Mitglied des Vorstandes der Technologiestiftung Berlin und war zwischen 1995 und 2006 Sprecher des Sonderforschungsbereiches 281 „Demontagefabriken zur Rückgewinnung von Ressourcen in Produkt- und Materialkreisläufen". Von 1997 bis 1999 war er Erster Vizepräsident der Technischen Universität Berlin. 2009 wurde Herr Seliger in die Deutsche Akademie der Technikwissenschaften (acatech) und in die Wissenschaftliche Gesellschaft für Produktionstechnik (WGP) aufgenommen.

Univ. Prof. a. D. Dr.-Ing. Dr. h.c. mult. **Hans-Peter Wiendahl** wurde am 11. Februar 1938 in Wickede/Ruhr geboren. Nach dem Studium des Maschinenbaus an der Staatlichen Ingenieurschule Dortmund und einer zweijährigen Konstrukteurstätigkeit studierte er Maschinenbau an der RWTH Aachen und am MIT, Cambridge, USA. Danach promovierte (1970) und habilitierte er (1972) bei Prof. Opitz am Werkzeugmaschinenlaboratorium der RWTH Aachen. Von 1972-74 war er Leiter Planung und Qualität bei der Escher Wyss GmbH Ravensburg; anschließend Leiter Technik Papiermaschinen in dieser Firma. Von 1979 bis 2003 war er Geschäftsführender Leiter des Instituts für Fabrikanlagen und Logistik im Fachbereich Maschinenbau an der Universität Hannover. Von 1988 bis 1992 war er Vizepräsident Forschung Uni Hannover und von 1992 bis 2007 Geschäftsführender Gesellschafter der IPH Institut für Integrierte Produktion gemeinnützige Gmbh, Hannover. Herr Wiendahl ist Mitglied der Wissenschaftlichen Gesellschaft für Produktionstechnik WGP (Vorsitz 1998/99), der International Academy for Production Engineering (CIRP) und der Deutschen Akademie für Technikwissenschaften (acatech). Er ist Ehrendoktor der TU Magdeburg, der Uni Dortmund und der ETH Zürich sowie Autor zahlreicher Fachartikel und Bücher.

> acatech – DEUTSCHE AKADEMIE DER TECHNIKWISSENSCHAFTEN

acatech vertritt die Interessen der deutschen Technikwissenschaften im In- und Ausland in selbstbestimmter, unabhängiger und gemeinwohlorientierter Weise. Als Arbeitsakademie berät acatech Politik und Gesellschaft in technikwissenschaftlichen und technologiepolitischen Zukunftsfragen. Darüber hinaus hat es sich acatech zum Ziel gesetzt, den Wissenstransfer zwischen Wissenschaft und Wirtschaft zu erleichtern und den technikwissenschaftlichen Nachwuchs zu fördern. Zu den Mitgliedern der Akademie zählen herausragende Wissenschaftler aus Hochschulen, Forschungseinrichtungen und Unternehmen. acatech finanziert sich durch eine institutionelle Förderung von Bund und Ländern sowie durch Spenden und projektbezogene Drittmittel. Um die Akzeptanz des technischen Fortschritts in Deutschland zu fördern und das Potenzial zukunftsweisender Technologien für Wirtschaft und Gesellschaft deutlich zu machen, veranstaltet acatech Symposien, Foren, Podiumsdiskussionen und Workshops. Mit Studien, Empfehlungen und Stellungnahmen wendet sich acatech an die Öffentlichkeit. acatech besteht aus drei Organen: Die Mitglieder der Akademie sind in der Mitgliederversammlung organisiert; ein Senat mit namhaften Persönlichkeiten aus Industrie, Wissenschaft und Politik berät acatech in Fragen der strategischen Ausrichtung und sorgt für den Austausch mit der Wirtschaft und anderen Wissenschaftsorganisationen in Deutschland; das Präsidium, das von den Akademiemitgliedern und vom Senat bestimmt wird, lenkt die Arbeit. Die Geschäftsstelle von acatech befindet sich in München; zudem ist acatech mit einem Hauptstadtbüro in Berlin vertreten.

Weitere Informationen unter www.acatech.de

> acatech diskutiert

Die Reihe „acatech diskutiert" dient der Dokumentation von Symposien, Workshops und weiteren Veranstaltungen der Deutschen Akademie der Technikwissenschaften. Darüber hinaus werden in der Reihe auch Ergebnisse aus Projektarbeiten bei acatech veröffentlicht. Die Bände dieser Reihe liegen generell in der inhaltlichen Verantwortung der jeweiligen Herausgeber und Autoren.

BISHER SIND IN DER REIHE „acatech DISKUTIERT" FOLGENDE BÄNDE ERSCHIENEN:

Karsten Lemmer et al.: Handlungsfeld Mobilität (acatech diskutiert), Heidelberg u. a.: Springer Verlag 2011.

Klaus Thoma (Ed.): European Perspectives on Security Research (acatech diskutiert), Heidelberg u. a.: Springer Verlag 2011.

Reinhard F. Hüttl/Bernd Pischetsrieder/Dieter Spath (Hrsg.): Elektromobilität. Potenziale und wissenschaftlich-technische Herausforderungen (acatech diskutiert), Heidelberg u. a.: Springer Verlag 2010.

Manfred Broy (Hrsg.): Cyber-Physical-Systems. Innovation durch softwareintensive eingebettete Systeme (acatech diskutiert), Heidelberg u. a.: Springer Verlag 2010.

Klaus Kornwachs (Hrsg.): Technologisches Wissen. Entstehung, Methoden, Strukturen (acatech diskutiert), Heidelberg u. a.: Springer Verlag 2010.

Martina Ziefle/Eva-Maria Jakobs: Wege zur Technikfaszination. Sozialisationsverläufe und Interventionszeitpunkte (acatech diskutiert), Heidelberg u. a.: Springer Verlag 2009.

Petra Winzer/Eckehard Schnieder/Friedrich-Wilhelm Bach (Hrsg.): Sicherheitsforschung – Chancen und Perspektiven (acatech diskutiert), Heidelberg u. a.: Springer Verlag 2009.

Thomas Schmitz-Rode (Hrsg.): Runder Tisch Medizintechnik. Wege zur beschleunigten Zulassung und Erstattung innovativer Medizinprodukte (acatech diskutiert), Heidelberg u. a.: Springer Verlag 2009.

Otthein Herzog/Thomas Schildhauer (Hrsg.): Intelligente Objekte. Technische Gestaltung – wirtschaftliche Verwertung – gesellschaftliche Wirkung (acatech diskutiert), Heidelberg u. a.: Springer Verlag 2009.

Thomas Bley (Hrsg.): Biotechnologische Energieumwandlung: Gegenwärtige Situation, Chancen und künftiger Forschungsbedarf (acatech diskutiert), Heidelberg u. a.: Springer Verlag 2009.

Joachim Milberg (Hrsg.): Förderung des Nachwuchses in Technik und Naturwissenschaft. Beiträge zu den zentralen Handlungsfeldern (acatech diskutiert), Heidelberg u. a.: Springer Verlag 2009.

Norbert Gronau/Walter Eversheim (Hrsg.): Umgang mit Wissen im interkulturellen Vergleich. Beiträge aus Forschung und Unternehmenspraxis (acatech diskutiert), Stuttgart: Fraunhofer IRB Verlag 2008.

Martin Grötschel/Klaus Lucas/Volker Mehrmann (Hrsg.): Produktionsfaktor Mathematik. Wie Mathematik Technik und Wirtschaft bewegt, Heidelberg u. a.: Springer Verlag 2008.

Thomas Schmitz-Rode (Hrsg.): Hot Topics der Medizintechnik. acatech Empfehlungen in der Diskussion (acatech diskutiert), Stuttgart: Fraunhofer IRB Verlag 2008.

Hartwig Höcker (Hrsg.): Werkstoffe als Motor für Innovationen (acatech diskutiert), Stuttgart: Fraunhofer IRB Verlag 2008.

Friedemann Mattern (Hrsg.): Wie arbeiten die Suchmaschinen von morgen? Informationstechnische, politische und ökonomische Perspektiven (acatech diskutiert), Stuttgart: Fraunhofer IRB Verlag 2008.

Klaus Kornwachs (Hrsg.): Bedingungen und Triebkräfte technologischer Innovationen (acatech diskutiert), Stuttgart: Fraunhofer IRB Verlag 2007.

Hans Kurt Tönshoff/Jürgen Gausemeier (Hrsg.): Migration von Wertschöpfung. Zur Zukunft von Produktion und Entwicklung in Deutschland (acatech diskutiert), Stuttgart: Fraunhofer IRB Verlag 2007.

Andreas Pfingsten/Franz Rammig (Hrsg.): Informatik bewegt! Informationstechnik in Verkehr und Logistik (acatech diskutiert), Stuttgart: Fraunhofer IRB Verlag 2007.

Bernd Hillemeier (Hrsg.): Die Zukunft der Energieversorgung in Deutschland. Herausforderungen und Perspektiven für eine neue deutsche Energiepolitik (acatech diskutiert), Stuttgart: Fraunhofer IRB Verlag 2006.

Günter Spur (Hrsg.): Wachstum durch technologische Innovationen. Beiträge aus Wissenschaft und Wirtschaft (acatech diskutiert), Stuttgart: Fraunhofer IRB Verlag 2006.

Günter Spur (Hrsg.): Auf dem Weg in die Gesundheitsgesellschaft. Ansätze für innovative Gesundheitstechnologien (acatech diskutiert), Stuttgart: Fraunhofer IRB Verlag 2005.

Günter Pritschow (Hrsg.): Projektarbeiten in der Ingenieurausbildung. Sammlung beispielgebender Projektarbeiten an Technischen Universitäten in Deutschland (acatech diskutiert), Stuttgart: Fraunhofer IRB Verlag 2005.